Hubertuscocktail – nachgeschenkt

Für meinen Schwager Hans-Gotthilf von Seebach

GERT G. VON HARLING

HUBERTUSCOCKTAIL – NACHGESCHENKT

KOSMOS

Inhalt

Lob ist Lob — 13
Die Sollbruchstelle — 14
Ein Hut als Hasenretter — 15
Aphrodisiakum mit Langzeiteffekt — 17
Der ordinäre Papagei – „selbst ausgedenkt" — 18
Die Leiden des alten Werner — 18
Erst die Kartoffel, dann die Frau — 20
Rot- oder Weißwein, das ist hier die Frage — 21
Schluss mit der Pietät! — 23
Gams auf Raten — 25
Angeltour ohne Biss — 27
Es kommt auf die Pfeife an — 29
Ausgetrickst — 30
Hunde, die besseren Diplomaten — 30
Tödliche Lüge — 31
Der Anstands-Wauwau — 32
Ein guter Jäger kennt sein Wild — 33
Blaues Früchtchen — 35
Der Lohn des Lachens — 37
Der Schuft liegt in der Gruft — 37
Mit der Eier-Linie zur „Vous-Jagd" — 38
Wer andern eine Grube gräbt — 40
Geglaubt wird, was gefällt — 41
Auge in Auge mit der Bestie — 42
Den Seinen gibt's der Herr im Schlaf — 43
Schatten der Vergangenheit — 44
Gewöhnungsbedürftig — 45
Irre schöne Landschaft — 46
Kein Punkt für Ehrlichkeit — 47

Der Schmuggler mit dem Geigenkasten ———————— 48

Von der Weisheit in der Natur ———————————— 48

Musst nicht in die Ferne schweifen ... ———————— 49

Der schlafende Wächter ———————————————— 49

Wie du mir, so ich dir ———————————————— 50

So bescheiden ist nur ein echter Gentleman ————— 51

Diplomatenjagd ———————————————————— 52

Was dem Kind nicht schmeckt, schmeckt Reineke —————

nimmermehr ————————————————————— 53

Der brave Mann denkt an sich zuerst ———————— 53

Peinlich, peinlich ——————————————————— 54

Der Super-Jäger-Vater ———————————————— 55

Angst? ————————————————————————— 56

Diagnose – Autopsie! ————————————————— 57

Sommers Frust und Winters Lust ————————— 58

So schnell vergeht der Ruhm ———————————— 59

Der pedantische Schürzenjäger ——————————— 60

Schlagfertig ————————————————————— 61

Immer rein ins Fettnäpfchen ———————————— 62

Erfolg stinkt nicht —————————————————— 63

Nicht verzagen ———————————————————— 64

Jägersprache, schwere Sprache ——————————— 65

Was ist schon Zeit ... ————————————————— 66

Zahlen bis zum Lächeln ——————————————— 66

Das kann doch einen Ami nicht erschüttern ————— 67

Zauberformel für die Fasanenjagd ————————— 68

Treffend bemerkt ——————————————————— 69

Kein Jägerlatein: Das Jägereinmaleins ——————— 70

Probieren geht über studieren ——————————— 71

Meyer hat kein blaues Blut ————————————— 72

Der Entengreifer ——————————————————— 73

Piff – paff ... Puff! ————————————————— 74

Recht hat er —————————————————————— 76

Die klare Auskunft —————————————————— 76

Gastfreundschaft ——————————————————— 77

Die Wunder des Herrn — 78
Jagen macht taub — 79
Ein grundehrlicher Lügenbold — 79
Frechheit siegt — 80
Auf Soldaten schießt man nicht — 80
Farbenlehre — 81
Gut vorgekäut — 81
... und das letzte Wort heißt ... drei! — 82
Indizienbeweis — 83
Faulheit wurmt — 84
Ein Wunder der Natur — 84
Mensch ist nicht gleich Mensch — 85
Herz-Prophylaxe — 86
Der Traum des Lebens währte kurz — 87
Frisch gefeilt ist schnell gealtert — 88
Hund mit Zeitgefühl — 89
Das macht den Unterschied — 90
Ein Lob der Vielseitigkeit — 91
Das Gleichnis vom Dünn- und Dicksein — 92
Ursache und Wirkung — 93
Was auch Taube verstehen — 94
Frage an Radio Eriwan — 95
Hellsichtig — 95
Das gefräßige Kaninchen — 96
Wahrheitsfaktor 0,5 — 96
Ganz ehrlich — 97
Der Wanderpelz — 98
Preiswerter Irrtum — 99
Liebe kann man nicht verbieten — 99
Natürlich künstlich — 100
Rache ist süß — 101
Wasser ist zum Waschen da — 102
Auch Zahlen haben Namenstage — 103
Mit der Beute kommen die Tränen — 103
...und den Mäusen ein Wohlgefallen — 104

Von „abben" Knöpfen, langen Unterhosen und
Schürfwunden —————————————————— 104
Im Klo sind alle gleich ————————————— 106
Erst die Waffe, dann der Mensch ———————— 107
Nur kein Neid! ——————————————————— 107
Praktisch nein – theoretisch ja ———————— 108
Der 1 000-Euro-Hase ————————————————— 108
Männer, die mit Tieren sprechen ————————— 109
Wahrhaftige Lügen ————————————————— 110
Der bessere Bettvorleger ——————————— 110
Ein Zeug, was nicht nur die Stimmung hebt ———— 111
Ärger mit dem Wappentier ————————————— 112
Tote Enten fliegen besser ————————————— 112
Gnadenschuss für einen Wagen ————————— 113
Schlagfertig ———————————————————— 113
Die größte Tugend eines Afrikajägers —————— 114
Wenn's kracht, dann kracht's ——————————— 114
Man kann eben nicht alles haben ————————— 115
Man kauft beim Fachmann ... ——————————— 116
Wie der Hund, so die Herrin ——————————— 116
Zu weit – das geht zu weit ————————————— 117
Schlechten Schützen will Justitia wohl ... ———— 118
Angler brauchen eben Ruhe ———————————— 119
Durch Technik zum Lügner ————————————— 120
Praktisch gedacht, falsch gedacht ———————— 120
Der wird nicht weit kommen ——————————— 121
Jagdkönig von Schummelns Gnaden ——————— 122
Machen wir's den Lachsen nach ... ———————— 122
Für Junge zählt noch jeder Tag —————————— 123
Kleider machen Jäger? ——————————————— 124
Zahmes Raubtier, wilder Mensch ————————— 124
Elche sind keinen Schuss Pulver wert ——————— 125
Wer weiß, wofür's gut ist ————————————— 126
Stadtluft macht nicht frei ————————————— 126
Kein Sterbenswort ————————————————— 127

Vom Auto, das aufs Wort gehorcht —— 128
Vom Jäger, der nicht gönnen kann —— 128
Fangfrage —— 129
Liebe ist stärker als Appetit —— 129
Darf's etwas mehr sein? —— 130
Ehrliche Lügner —— 131
Mit Blindheit geschlagen —— 132
Mathe 5 – Ausrede 1 —— 132
Dackel-Logik —— 133
Gibt es „Glück"? —— 133
Wer ist hier der Dumme? —— 134
Wohl überlegt —— 135
Weil nicht sein kann, was nicht sein darf —— 135
Mein allerliebster Schwiegersohn —— 136
Wer viel wagt, der nicht gewinnt, oder: Vielleicht klappt's ja im
nächsten Jahr —— 137
Ein wahres Wort, gelassen ausgesprochen —— 138

Einleitung

Die Menschen, mit denen ich heute zur Jagd gehe, haben sich doch sehr verändert. Die meisten von ihnen sind viel jünger, als wir es damals in ihrem Alter waren. Andererseits sehen die Jäger meines Alters viel jünger aus als ich.

Kürzlich traf ich einen Jugendfreund. Er war sehr gealtert und erkannte mich kaum wieder. An ihn musste ich denken, als ich mir heute Morgen die wenigen verbliebenen Haare kämmte, dabei im Spiegel mein Konterfei bewunderte und mir bewusst wurde, dass nichts mehr so ist wie früher. Selbst die Spiegel taugen heute nichts mehr.

Der Weg zum Ansitz kam mir früher nicht so lang vor wie heute. Ist das Einbildung? Mag sein, aber auf jeden Fall: Früher brauchten wir nicht so hohe Kanzeln, und auch die Leitern waren nicht so steil, es ist schon fast eine Zumutung, auf diese Türme hinaufzusteigen.

Als ich endlich mit schmerzenden Beinmuskeln und dazu noch etwas schnaufend auf der harten Holzbank sitze, tritt auf der gegenüberliegenden Seite der Wildwiese ein Reh aus.

Bock? Ricke? So sehr ich auch spekuliere und an der Einstellschraube meines Fernglases drehe – ich kann das Stück nicht sicher ansprechen. Es wird Zeit, dass ich mir ein neues Glas zulege. Das jetzige hat schließlich schon viele Jahre seinen Dienst versehen, offenbar ist mit ihm etwas nicht in Ordnung, vielleicht ist Staub ins Innere gelangt oder die Prismen haben sich durch Erschütterung verschoben.

Sei es wie es sei. Nach längerer Zeit gebe ich auf, zumal nicht nur die Augen schmerzen, sondern auch mein Rücken – kein Wunder bei der harten Bank.

Ich lehne mich zurück. Meine Jagdhose spannt und drückt unangenehm um Hüfte und Bauch. Wahrscheinlich hat mich der junge Mann beim Kauf schlecht beraten, und die Qualität ist auch nicht mehr das, was sie früher einmal war.

Kein Vogel singt, kein Geräusch ist zu hören. Ich denke an das Gespräch mit meinem Bruder am Nachmittag. Wir saßen auf der Veranda. Es schien totenstill zu sein.

Ich bemerkte vorsichtig: „Ich sehe ja ein, dass ihr Landwirte allerlei Chemie auf die Äcker ausbringen müsst, um überhaupt existieren zu können, aber dass dabei sämtliche Heuschrecken vernichtet werden, ist einfach grauenvoll. Wie schön war doch früher das Konzert der Grillen im Garten." Kurz darauf kam meine Schwägerin hinzu: „Die Zikaden machen ja heute wieder einen Höllenlärm, man versteht fast sein eigenes Wort nicht mehr." Mein Bruder und ich schauten uns nur stumm an.

Ja, und dann muss ich wieder an meinen Sohn und seinen Rat denken. Schon lange hatte ich mich darüber geärgert, dass der Druck in meiner Jagdzeitung kleiner geworden ist. Als ich ihn bat, mir eine besonders klein gesetzte Bildunterschrift vorzulesen, ärgerte ich mich darüber, dass er so leise sprach. Darauf angesprochen meinte er: „Pappusch, du wirst alt und wunderlich. Schreib doch mal ein Buch darüber."

Und nun habe ich seinen Rat befolgt.

Übrigens: Ich liebe den Humor am meisten, der mich für fünf Sekunden zum Lachen und für fünf Minuten zum Nachdenken bringt.

Lüneburg, zur Hirschbrunft 2008   *Gert G. von Harling*

Lob ist Lob

Nachdem vor vielen Jahren mein drittes Buch, „Eines Jägers Fahrten und Fährten", veröffentlicht worden war, hatte ich für meine nächste geplante Publikation große Schwierigkeiten, einen deutschen Verleger zu finden. Als ich das Manuskript das zweite Mal mit der höflichen Absage eines Verlegers zurückbekommen hatte, schickte ich es an ein bekanntes Verlagshaus in Österreich. Drei Tage, nachdem ich es zur Post gebracht hatte, rief ich ungeduldig den Lektor an, um ihm mitzuteilen, was ihn erwarte.

„Ihre Arbeit gefällt uns ausgezeichnet, Ihr Stil ist einmalig. Ihre Schilderungen sind äußerst interessant. Gewiss können die Leser von Ihrem reichen Erfahrungsschatz profitieren usw., usw. ... Am Ende des Gespräches beglückwünschte mich der Herr am anderen Ende der Leitung noch einmal ausdrücklich zu meinem Buch. Leider sähe er aber zurzeit leider keine Möglichkeit für eine verlegerische Betreuung. Er habe in den letzten Monaten viele Buchmanuskripte bekommen – nicht im Entferntesten mit so viel Einfühlungsvermögen geschrieben wie meins, betonte er noch – und anderen Autoren bereits voreilig Zusagen gegeben, sodass er mir das Material daher zu seinem allertiefsten Bedauern unveröffentlicht zurücksenden müsse. Auch sei sein Etat erschöpft, das Verlagsprogramm und die finanziellen Mittel erlaubten ihm höchstens zwei größere jagdliche Publikationen im Jahr und ich möge bitte Verständnis dafür haben.

Trotz meiner Enttäuschung tat mir das Lob aus berufenem Munde gut.

Am nächsten Tag händigte mir der Postbote meine Sendung ungeöffnet wieder aus. Auf dem Umschlag klebte ein offizieller Notizzettel der österreichischen Post mit dem Vermerk: „Wegen ungenügender Frankierung Annahme vom Adressaten verweigert."

Der Herr der Bücher hatte mein Manuskript gar nicht gelesen.

Die Sollbruchstelle

Als wir noch jünger waren, zogen mein Bruder und ich oft und gern mit unseren Hunden hinaus, um in den kleinen Feldgehölzen des elterlichen Reviers Kaninchen oder Hasen zu buschieren. Mitunter begleitete uns dabei der Freund meines Bruders, Herr von L., ein frühzeitig in den Ruhestand gegangener Offizier. Er hatte großes Interesse und viel Verständnis für Jagd und Natur, war sportlich und „noch sehr läufig", wie er es ausdrückte.

In Dreierreihe gingen wir durch das Jagen 30, eine damals frisch angelegte Kultur, in der die Kiefern gerade einmal knöchelhoch standen. Zwischendurch gab es natürliche Freistellen, auf denen die kleinen Bäumchen nicht angewachsen waren und der helle, armselige Heidesand hindurchschimmerte. Die Kaninchen schätzten diesen Revierteil sehr.

Als wir so in einer Front aufmerksam dahinzogen und unsere beiden Hunde gehorsam unter der Flinte suchten, ging direkt vor meinem Bruder plötzlich ein Kanin hoch. Bevor einer von uns reagieren konnte, sprang sein Weimaraner Rüde Caesar ein und erwischte gerade noch das Hinterteil des Karnickels. Der Lapuz konnte sich aber aus dem Fang des Hundes befreien und weiterflüchten. Caesar verhielt kurz und schüttelte sich verblüfft und angewidert die Blume aus dem Fang. Im gleichen Moment schoss mein Bruder. Das Kanin zuckte im Schuss zusammen und ging schwer krank ab, Caesar folgte sofort.

Der alte Herr von L. hatte zwar gesehen, wie der Lapin schwer angeschossen flüchtete, aber nicht beobachtet, was vorher geschehen war. Daher winkte mein Bruder ihn heran, und gemeinsam gingen wir zu der Sasse, wo Caesar das Kanin beinahe gegriffen hatte.

„Ich dachte es mir fast", murmelte mein Bruder leise vor sich hin und fuhr gedankenverloren fort: „Das ist jetzt das dritte Mal, dass ich so etwas erlebe."

Verständnislos schaut v. L. ihn an.

„Hier, die Blume", meinte mein Bruder, hob die am Boden liegenden Überreste auf und zeigte sie unserem Freund. „Sie ist dem

Rammler vor Schreck abgebrochen. Man liest darüber öfter in den Jagdzeitschriften, aber wie gesagt, ich erlebe es erst das dritte Mal, obwohl ich schon verdammt viele Kaninchen geschossen habe."

Ich merkte es an seiner Mimik, dass von L. nicht wusste, ob er lachen oder weinen sollte, Misstrauen und Unglaube stritten in ihm miteinander.

Da kam der Hund mit dem verendeten Kanin im Fang zurück. Wir eilten ihm entgegen. Den grauen Flitzer zierte nur noch der Torso einer Blume, der Hauptteil war ja schon vorher Opfer von Caesars Fängen geworden.

Mein Bruder nahm seinem Hund die Beute ab und besah sie sich scheinbar verdutzt und kopfschüttelnd. Da konnte von L. nicht mehr an sich halten, seine Physiognomie verlängerte sich um das Doppelte ihrer vorschriftsmäßigen Länge, als er das Karnickel ohne Blume betrachtete, und es platzte aus ihm heraus: „Also, wenn ich nicht dabei gewesen wäre und es mit eigenen Augen gesehen hätte, würde ich es für Jägerlatein halten!"

Ein Hut als Hasenretter

Als Gesa, meine Kleine Münsterländer Hündin, erst ein knappes Dreivierteljahr alt war, wurden meine Tochter Trixi mit der Hündin und ich zu einer Treibjagd in den noch mit Niederwild gesegneten Gemüseanbaugebieten von Bardowick vor den Toren Lüneburgs eingeladen.

Die Stimmung war fröhlich. Einige Hunde tobten ausgelassen weit voraus über die Felder, es wurde viel gerufen und laut gepfiffen, aber kaum geschossen.

So fest, wie der Glaube mancher Zeitgenossen an die Treue des Hundes ist, so unerschütterlich ist mitunter auch die Überzeugung, dass der beste Freund des Menschen stocktaub sei. Tucholsky sagte ja bereits: „Der eigene Hund macht keinen Lärm, er bellt nur." Gesa verhielt sich unter der konsequenten Führung meiner Tochter als einer der wenigen Hunde fast vorschriftsmäßig.

In breiter Front stapften wir über die verschneiten Felder. Links von mir ging meine Tochter mit der Hündin am Riemen, rechts ein älterer Jäger, der die junge Dame und ihren tadellos abgeführten Hund bereits bei der Begrüßung auffällig bewundernd umbalzt und sich mir gegenüber lobend über das hübsche Gespann geäußert hatte.

Eben dieser Jäger verhoffte plötzlich und rief Trixi mit Gesa herbei. „Ungewöhnlich – nicht korrekt", so mag es meiner Tochter durch den Sinn gegangen sein, aber dann folgte sie doch, zumal auch noch andere Schützen zu dem Rufenden eilten.

Der Grund war ein Hase, den der Mann vor sich in der Sasse entdeckt hatte, und den sollte Trixi nun erlegen.

Flink rückten die Jäger von allen Seiten mit schussbereiten Flinten dem sich drückenden Meister Lampe auf den „Leib", und der verängstigte Mümmelmann drückte sich im Vertrauen auf seine Tarnfärbung, die ihm bei der Schneelage jedoch nichts nützte, noch tiefer in sein Lager.

Weil man einen Hasen, zumindest wenn Zuschauer dabei sind, nicht im „Pott" schießt, standen sich die vier Jäger für einen Augenblick ratlos gegenüber, bis einer von ihnen seinen Hut nach dem „Krummen" warf. Daraufhin überstürzten sich die Ereignisse ...

Später wurde behauptet, der Hut hätte den Hasen getroffen. Der wäre mit der Kopfbedeckung über den Löffeln davongeflüchtet, hätte nicht mehr sehen können und einen der Jäger fast umgerannt. Weil Meister Lampe zu nah gewesen wäre, hätte dieser Jäger nicht schießen und die anderen nicht in Anschlag gehen können, ohne ihre Jagdgenossen zu gefährden.

Ich habe alles aus nächster Nähe beobachtet und weiß, dass die kleine Privatjagd anders verlief.

Ein Hut als Hasenretter

Aphrodisiakum mit Langzeiteffekt

Als nämlich der Hut durch die Luft segelte, verstand Gesa dies als Aufforderung zum Spiel. Sie befreite sich rückwärts zerrend aus ihrer Halsung, stürmte auf den Jagdfilz los und brachte ihn der verdutzten Trixi.

Der Hase hatte sich bis dahin nicht geregt und nutzte die Ablenkung der erstaunten Jäger, deren Aufmerksamkeit sich kurz, aber voll auf die apportierende Hündin konzentrierte, um unbeschossen zu entkommen und seinen Balg in Sicherheit zu bringen.

Aphrodisiakum mit Langzeiteffekt

Ich verbrachte mehrere Jahre in Neuseeland und lebte dort überwiegend von der Jagd. Das Wildbret, das ich im Auftrag der Regierung erbeutete – meistens Rotwild – trug ich von den Bergen herab und verkaufte es.

Ohne ein schlechtes Gewissen zu haben, schoss ich auch Basthirsche. Es war um die Wende des vorletzten Jahrhunderts schließlich auch in unseren Breiten noch üblich, Kolbenhirsche zu erlegen. Berühmte Jäger wie Kaiser Franz Josef bewerteten das Jagderlebnis höher als einen toten Knochen, die Trophäenbeute, und ich konnte vom Verkauf der Bastgeweihe gut leben.

Vor allem chinesische Aufkäufer – und es gab deren viele – boten beträchtliche Summen für das „velvet". Für die getrockneten und zu feinem Granulat zermahlenen Baststangen erzielte man auf asiatischen Märkten Höchstpreise. Aus dem Pulver wird nämlich ein Aphrodisiakum hergestellt, ein Wundermittel, das angeblich auch müden alten Männern wieder jugendliche Frische und Ansehen bei den Damen verleihen soll.

Ich zweifelte schon damals an der Wirkung dieser traditionellen chinesischen Medizin, würgte aus lauter Neugierde aber trotzdem einmal die ganze Augsprosse eines Kolbenhirsches herunter. Sie schmeckte widerlich, aber welche Strapazen nimmt man nicht mitunter in der Erwartung angenehmer Überraschungen auf sich!

Auf die Wirkung warte ich noch heute – vergeblich.

Der ordinäre Papagei – „selbst ausgedenkt"

Bei meinem Jagdfreund Zitzewitz geht es sehr vornehm und förmlich zu. Der Hausherr ist zwar unkompliziert, laut, liebt derbe Witze und schert sich wenig darum, was seine Standesgenossen von ihm denken, aber seine Frau führt ein strenges Regiment über ihn und die Kinder. Sie hat die Hosen in dieser Ehe an und ist ganz das Gegenteil ihres Mannes: Leise, zurückhaltend, bescheiden, aber immer auf Etikette und Vornehmheit bedacht.

Als ich den Freund eines Tages zur Jagd abholte und mir seine kleine Tochter die Tür öffnete, hörte ich aus dem Wohnzimmer laut und deutlich die viel zitierte Aufforderung des Götz von Berlichingen.

Ich verhoffte wie angewurzelt, als die Schimpfworte mit krächzender Stimme sogar noch mehrmals wiederholt wurden und starrte entgeistert auf das kleine Mädchen. Das wurde ganz rot im Gesicht und stammelte verlegen: „Das hat er nicht von Papi, das hat er sich selbst ausgedenkt."

Die Leiden des alten Werner

In meiner Jugend war auf den Jagden meines Bruders regelmäßig der alte Werner von H. zu Gast. Als Witwer genoss er das Leben und verbrachte die meiste Zeit mit Jagen. Von ihm, einem passionierten Waidmann, stammt der Ausspruch: „Die Frau eines Jägers ist eine Witwe, deren Mann noch nicht gestorben ist." Er war ein glänzender Unterhalter, und es mangelte ihm deswegen selten an Jagdeinladungen.

Werner von H. schätzte einen guten Tropfen nach der Devise: „Jäger können viele Plagen, aber keinen Durst ertragen", und wenn ein leeres Glas vor ihm stand, fragte er: „Bin ich hier etwa in der Wüste Gobi?" Er war Kettenraucher, aber nicht von Zigaretten, vielmehr liebte er dicke Stumpen. Ich habe ihn nur selten ohne eine dieser heute aus der Mode gekommenen, stinkenden Nikotinbomben gesehen. Meistens war er von Tabakqualm und stets von Nikotingeruch umgeben. Auf den Geruch einer besonders penetrant riechenden Sorte hingewiesen, soll er einmal augenzwinkernd gesagt haben: „Rauch konserviert – seitdem ich diese Marke rauche, habe ich keine Würmer mehr." Ein anderes Mal, auf sein starkes Rauchen angesprochen, antwortete er: „Warum sollen meine Lungen älter werden als ich?", und schließlich: „Wenn ich früher sterbe, lebe ich länger selig."

Einmal wurde dem alten Herrn aber seine Nikotinsucht fast zum Verhängnis. Die Frau von Jagdfreund Siegfried hatte zu dessen Geburtstag zum Fondue-Essen in die Jagdhütte geladen. Gewiss wäre Werner der Einladung nicht gefolgt, hätte er gewusst, dass die Gastgeberin konsequente Nichtraucherin war und sich auf das Schärfste verbat, dass in ihrer Nähe geraucht wurde. Als man es ihm eröffnete, war es zu spät. Er konnte nicht mehr zurück.

Man führte lustige Gespräche, erfreute sich am Fondue und der Alkohol floss nicht eben spärlich. Als Werner nach dem Hauptgang schnell hinausstürzen wollte, um zu schmöken, wurde er genötigt sitzen zu bleiben. Die Hausfrau räumte das Geschirr ab und brachte den Nachtisch. Zwischendurch verschwand sie mit allerlei Töpfen und Tellern nach draußen.

Endlich war auch das Dessert beendet. Freund Werner eilte zum nahen Haus mit dem Herz in der Tür und steckte sich einen Stumpen an. Als dieser halb aufgeraucht war, warf er ihn noch glühend unter sich. Es folgten eine Stichflamme und ein lauter Schrei.

Die Gastgeberin hatte das restliche Fett aus dem Fonduetopf zusammen mit dem Spiritus aus dem kleinen Brenner in das Plumpsklo geschüttet. Diese leicht entflammbare Mischung hatte durch die Glut des Stumpens Feuer gefangen und Werners Hintern übel versengt. Die Verbrennungen waren so schmerzhaft, dass Werner nicht mehr sitzen konnte und ein Krankenwagen gerufen werden musste.

Der war auch bald zu Stelle. Als zwei Sanitäter den lädierten Patienten bäuchlings auf der Bahre zum Auto trugen, erzählte er ihnen, wie das Malheur passiert war. Darauf mussten die beiden so herzhaft lachen, dass der Verletzte von der Trage fiel und sich zu alledem noch das Handgelenk brach.

Erst die Kartoffel, dann die Frau

Friedrich ist ein Gemütsmensch. Er ruht „in sich", bewegt sich nicht gerade mit Lichtgeschwindigkeit, wird niemals laut, ist mit sich und der Welt in Einklang und zufrieden, wenn er zur Jagd gehen kann. Mit seiner Frau Karin, einer herzensguten, etwas einfältigen Frau, die gewiss Schwierigkeiten hätte, einen Preis bei einem Schönheitswettbewerb zu bekommen – Freunde behaupten, sie wäre zölibatfördernd – lebt er seit vielen Jahren zusammen, aber man hat wenig gemeinsam. Die Mahlzeiten sind wahrscheinlich das Einzige, was die beiden noch verbindet.

Friedrich kam eines Nachmittags zu mir, als ich am Schreibtisch saß, und eröffnete die Unterhaltung mit dem Satz: „Gert, du weißt doch, dass ich gerne Bratkartoffeln esse." Ich war verblüfft und ärgerlich, hatte ich doch wirklich anderes im Kopf als die Leibspeise meines Freundes, und reagierte entsprechend unwirsch. „Bitte unterbrich mich nicht, es ist wichtig", redete er weiter, und, in mein Schicksal ergeben, lauschte ich seinen Ausführungen.

„Ich habe am Sonntag einen Bock geschossen, freute mich auf die frische Leber und bat Karin, Kartoffeln aus dem Keller zu holen. Ich esse doch für mein Leben gern Bratkartoffeln dazu", fuhr Friedrich fort. „Plötzlich hörte ich einen Schrei, danach lautes Rumpeln von der steilen Kellertreppe und stürzte sofort dorthin. Was soll ich dir sagen? Da lag Karin am Fuße der Stiege, hatte sich einen Arm gebrochen und jammerte vor Schmerzen."

Voller Mitleid nahm ich den Freund in die Arme. Mir fehlten Worte des Trostes.

Endlich hatte ich meine Fassung wieder gewonnen, legte erschüttert meine Hand auf seine Schulter und fragte voller Mitgefühl: „Friedrich, du armer Kerl, was hast du denn da gemacht?"

Traurig kam seine Antwort: „Spaghetti!"

Rot- oder Weißwein, das ist hier die Frage

Mein Schwiegervater war ein begeisterter Weintrinker, liebte Moselwein und war imstande, ohne auf das Etikett der Fasche zu schauen, die Lage manchen Rebensaftes zu bestimmen, nachdem er nur daran genippt hatte.

Als ich um die Hand seiner Tochter anhielt, bat er mich – damals musste alles noch seine Ordnung haben – in sein Arbeitszimmer, um alles Notwendige für eine eventuelle Eheschließung unter vier Augen mit mir zu besprechen. Er verschwand im Keller, um einen guten Tropfen für das bevorstehende besondere Ereignis zu holen. Erwartungsvoll wartete ich, um mein Anliegen, von dem der alte Herr natürlich lange wusste, vorzutragen.

Endlich kam er mit einer grünen, mir etwas verstaubt vorkommenden Buddel zurück, schaute versonnen auf das Etikett, zog sein Jagdmesser aus der Hosentasche, entfernte den oberen Teil der Stanniolhülle der Flasche, klappte das Messer zusammen, beförderte den Korkenzieher aus dem Hirschhorngriff, drehte ihn gemächlich in den Korken, lauschte kurz auf das dumpfe Geräusch, das beim Herausziehen entstand, und legte den Kork ganz behutsam beiseite, nachdem er professionell daran geschnuppert hatte. Alles schien nach seinen Vorstellungen zu sein, denn endlich, endlich widmete er sich den beiden sehr kleinen Gläsern, die schon lange darauf warteten, ihrer Bestimmung zu dienen.

Zu meinem Entsetzen füllte er nur seins und dazu lediglich mit einigen wenigen Tropfen, setze es dann an seine Lippen, schloss die Augen, nahm einen winzigen Schluck, öffnete sie wieder, lächelte zufrieden, nickte und befand, dass er eine gute Wahl getroffen hatte.

Bedächtig füllte er mein Gläschen – viertelvoll –, dann seins und prostete mir freundlich zu.

Schwupp, war mein Gemäß schon wieder leer, in seinem fehlte kaum etwas. Mein Glas wurde erneut gefüllt, wieder hieß es „zum Wohl", und während ich den Inhalt in einem Zug hinunterstürzte, hatte mein Schwiegervater in spe an dem seinen wieder nur genüsslich genippt. Nachdem sich das Ganze ein drittes Mal wiederholte, fragte er mich freundlich: „Herr von Harling, schmeckt Ihnen der Wein?!" „Ja, ja, der ist ganz gut", antwortete ich unbeschwert.

Das Gesicht des alten Herren wirkte wie versteinert, und er erzählte, er habe 1945 mit seinen Pferden auf der Flucht aus Schlesien in den Westen zwei Flaschen dieses kostbaren Weines aus der Heimat mitgenommen. Eine hatte er sich zwischendurch gemeinsam mit seiner Frau zu seiner Silberhochzeit gegönnt, die zweite wie seinen Augapfel für den Augenblick gehütet, in dem seine einzige Tochter einen Heiratsantrag bekäme. Nun war der große Tag da, und Vater war irritiert, dass ich den Wein nicht zu würdigen wusste. Wir einigten uns schon bald: Da er begeisterter Corpsstudent war, hatte er volles Verständnis dafür, dass ich lieber Bier trank.

Nach unserer Hochzeit kehrten Schwiegervater, mein Bruder und ich nach einer Hühnerjagd im Gasthof meines heimatlichen Dorfes in der Lüneburger Heide ein. Es war heiß. Manfred, der Wirt, hatte uns kommen sehen und für meinen Bruder und mich je einen halben Liter Bier und einen doppelten Korn bereitgestellt, wie er es gewohnt war. Nun war da aber noch ein dritter Mann, den er nicht kannte.

Höflich wandte sich der Herr der Kneipe an meinen Schwiegervater und fragte, was er ihm denn kredenzen dürfe. „Haben Sie auch Wein?" fragte der.

„Ja, aber selbstverständlich."

„Und was für einen?", forschte Schwiegervater erfreut und neugierig weiter.

„Nun, einen Weißen und einen Roten", kam die beflissene Antwort des Wirtes.

Mein Schwiegervater wusste nicht, ob er lachen oder weinen sollte, aber spätestens, als vom Nachbartisch ein Witzbold meinte, „mir wäre das egal, ich bin sowieso farbenblind", stand für ihn fest, dass die Menschen in Norddeutschland zwar ganz umgängliche Leute seien, aber Genießer, wirkliche Genießer würden eben nur im Süden der Republik leben.

Schluss mit der Pietät!

Ich hatte von einem Verlag den Auftrag bekommen, einen Kriminalroman zu schreiben. Die Handlung sollte sich im jagdlichen Milieu abspielen, eine gewisse Portion Sex enthalten und natürlich musste die Geschichte spannend sein.

Wie so oft, stand ich unter Zeitdruck mit der Manuskriptabgabe. Auf längeren Spaziergängen konstruierte ich eine Geschichte, saß drei Tage und drei Nächte vor meinem Computer, und endlich war der grobe Entwurf zu Papier gebracht: Stellvertretender Landrat, passionierter Jäger, hat Verhältnis mit dem Au-pair-Mädchen seines Nachbarn, der ebenfalls Jäger ist und mit zwei weiteren Waidmännern die Jagd des kleinen Dorfes Eversen gepachtet hat. Zu Viert nutzen die Jäger die dortige Jagdhütte, in der sich der Landrat regelmäßig mit der jungen Frau trifft, sie aus nichtigem Anlass ermordet, in Panik den Ort des Grauens verlässt, nach wenigen Stunden zurückkommt und die Leiche im Wald verscharrt.

So klingt alles recht einfach, aber ich hatte so viele Haken in die Geschichte eingebaut, dass man einen ganzen Angelverein damit hätte ausstatten können.

Allerdings stolperte ich beim Lesen immer wieder über eine bestimmte Passage. „Mühelos wuchtete er den kraftlosen Körper auf seine Schulter und trug ihn davon", hatte ich da geschrieben und nun grübelte ich darüber nach, dass ja jedes Lebewesen nach einer bestimmten Zeit in eine Leichenstarre verfällt. Was war zu tun?

Pietät hin, Pietät her, ich rief das Bestattungsunternehmen unserer Kreisstadt an. Dort war ich leider kein Unbekannter, denn man war mir im Jahr zuvor bei der Beerdigung meiner Schwiegermutter und einer lieben Tante behilflich gewesen.

Es meldete sich Frau Schünemann, die Sekretärin und gute Seele des Hauses. „Herr von Harling, wie schön, dass sie anrufen, ich hoffe es geht ihnen gut, oder ...?", klang es höflich aus dem Hörer, als ich meinen Namen genannt hatte. Das „oder" hörte sich allerdings ziemlich professionell an.

„Nichts oder", antwortete ich fröhlich, „wir leben alle noch – kein Geschäft zu machen", fuhr ich fort und rückte dann mit meiner Frage heraus: „Liebe Frau Schünemann, wenn ich jetzt eine junge Frau umbringe, wann tritt dann wohl die Leichenstarre ein?"

Ich fühlte durch die Telefonleitung hindurch förmlich die Ratlosigkeit und den Schrecken der mit dieser Frage überfallenen Frau. Fast eine Minute lang herrschte beklemmendes Schweigen, bevor eine nun sehr ernste Stimme kurz und trocken meinte: „Augenblick, ich verbinde Sie mit dem Chef."

Der sah die Angelegenheit lockerer als seine Angestellte, als ich meine Frage wiederholte: „Lieber Herr L., wenn ich jetzt eine junge Frau umbringe, wann tritt dann die Totenstarre ein?"

„Wir haben nun neun Uhr – Sie müssen damit rechnen, nicht vor 15 bis 16 Uhr", klärte er mich sachlich auf.

Befriedigt wollte ich mich für die Auskunft bedanken, da kam mir der Chef mit der Frage zuvor: „Herr von Harling, für wann soll ich mich für die Beerdigung bereithalten?"

Gams auf Raten

In meiner Jugend musste man sich den ersten Jagdschein noch hart verdienen beziehungsweise erarbeiten. Man begann bescheiden als Treiber, jagte mit dem Luftgewehr auf Spatzen und Ratten, steigerte sich allmählich über den Abschuss von Elstern und Eichelhähern bis zum Kaninchen oder Hasen. Sämtliche Abschüsse wurden gewissenhaft mit allen Einzelheiten der Erlegung, der Waffe, des Kalibers, der Stellung des Wildes, der Witterung etc. im Schussbuch festgehalten, um zu dokumentieren, welche Erfahrungen man mit der Zeit gesammelt hatte.

Nach eifrigen Schießübungen mit Büchse und Flinte unter strenger Aufsicht bekam der angehende Jäger, sofern er sich keine jagdlichen Verfehlungen geleistet hatte, den Abschuss einer Ricke frei. Viel später erst, wenn er fit im Ansprechen war, durfte er auch einen Bock schießen, der selbstverständlich vorher von dem Jungjäger selbst bestätigt werden musste.

Ein entfernter Onkel von mir, in der Stadt aufgewachsen und erfolgreicher Unternehmer, hatte seine Jagdpassion erst in fortgeschrittenem Alter entdeckt und ging dann einen anderen Weg als mein Bruder und ich, die Landkinder. Drei Wochen besuchte er den Intensivkurs einer Jagdschule und bestand danach problemlos das „Grüne Abitur." Als er das begehrte Prüfungszeugnis endlich in der Tasche und seinen ersten Jagdschein gelöst hatte, legte er mit Volldampf los und schoss innerhalb von drei Wochen vier Rehböcke.

Anschließend fuhr er zum Jagen nach Namibia. Mit einigen gewaltigen Trophäen zurückgekehrt, strotzte er nur so vor Selbstsicherheit. In den Augen der älteren Jäger blieb er aber trotzdem ein Anfänger.

Als er seinen zweiten Jagdschein gelöst hatte, wurde er von einem Vetter in dessen Revier zur Gamsbrunft eingeladen. Der Abschuss eines Gamsbockes reizte den (un)erfahrenen Jäger sehr. Vor seiner Abfahrt in die Berge befolgte er zwar unseren Rat, sich durch allerlei sportliche Aktivitäten körperlich fit zu machen, nahm sich aber keine Zeit, vorher auf dem Schießstand noch ein paar Probeschüsse abzugeben. Schließlich hätte in Namibia ja alles Wild mit dem ersten Schuss gelegen, behauptete er selbstgefällig. Sich mit der Wildart „Gams" vor Antritt seiner Fahrt vertraut zu machen, hielt er auch nicht für notwendig.

Im Gebirge wurde er einem Berufsjäger zugeteilt, der mit ihm in die Berge zog und schon bald merkte, dass mein Onkel wenig Ahnung vom Jagen, schon gar keine vom Gamswild hatte und nicht der erfahrene Nimrod war, als den er sich ausgab. Nicht einmal die einfachsten Begriffe der Waidmannssprache schien er zu beherrschen.

Nach mehreren Stunden Pirsch im Berg stießen die beiden Jäger auf ein Rudel Scharwild, in dem auch ein schlecht gehakelter Bock stand. Sie duckten sich hinter einem großen Felsbrocken. Der Jagdführer bereitete mit seiner Lodenkotze und dem Rucksack eine kommode Unterlage für die Büchse vor, mein Onkel legte sich dahinter und machte einige Zielübungen. Sein Begleiter bestätigte den Bock noch einmal durch das Spektiv und erklärte seinem Gast genau, welches Stück aus dem Rudel er schießen möge.

„Rumms!", fiel der Schuss. Einen halben Meter unter der beschossenen Gams spritzte der Dreck hoch. Das Rudel verhoffte unschlüssig. „Repetieren 'S und halten 'S a Stückerl höher", flüsterte der Berufsjäger und starrte wieder durch sein Spektiv. Der zweite Schuss lag ebenfalls zu tief, der Onkel hatte sich in der Entfernung erneut verschätzt.

„Halten 'S grad über den Rücken", raunte der Mann neben ihm, und schon warfen die Felswände das Echo des dritten Schusses an diesem sonnigen Vormittag zurück und ließen es durch das weite Tal rollen.

Der Bock knickte mit dem linken Vorderlauf ein, folgte schwerfällig dem abspringenden Rudel und verschwand hinter dem nächsten Latschenfeld, ehe mein Onkel repetieren und noch einmal schießen konnte.

Der Berufsjäger hatte die ganze Zeit über sein Spektiv nicht abgesetzt und beobachtet, wie der Gams zeichnete. Guter Rat war teuer. Der Onkel, vom Jagdfieber ergriffen, meinte ziemlich kleinlaut und von seinen Schießkünsten nicht mehr ganz so überzeugt: „Wir werden den Bock doch bekommen, oder?"

Nun konnte sein Begleiter sich nicht mehr zurückhalten: „Herr Baron, oan Bein haben 'S schon, den Rest moach I für Eana."

Angeltour ohne Biss

Jagdfreund Eggert von Ahnen aus Nordfriesland, ein wortkarger, recht eigensinniger Mann wie viele seiner Landleute – wer mich besucht, erweist mir eine Ehre, wer mich nicht besucht, macht mir eine Freude –, erzählte mir kürzlich von seinem Nachbarn, für den es nichts Schöneres gibt, als mit seinem Kahn zum Angeln aufs Meer hinauszufahren.

Am liebsten angelt dieser Nachbar in Gesellschaft, hat jedoch mitunter Schwierigkeiten, einen geeigneten Partner zu finden. An einem sehr stürmischen Tag packt ihn wieder einmal die Lust zum Fischen und er überredet einen Kollegen, ihn zu begleiten. Der will zunächst nicht, weil ihm das Wetter zu ungünstig erscheint, stimmt schließlich aber doch zu. Als sie auf offener See sind und ihre Angelschnüre auswerfen, kommt eine steife Brise auf, das Meer wird unruhig, das Boot beginnt arg zu schwanken.

Durch die hohen Wellen wird der Kollege seekrank. Er beugt sich über die Reling und muss sich übergeben. Unglücklicherweise geht dabei auch sein Gebiss mit über Bord.

Eggerts Nachbar, immer für einen guten Spaß zu haben, trägt ebenfalls schon seine „dritten Zähne". Er befestigt sie, ohne dass der Kollege es mitbekommt, am Haken seiner Angel, wirft sie aus, zieht die Schnur nach kurzer Wartezeit wieder ein, zeigt mit gespielter Begeisterung seinen „Fang" und fragt den Kollegen scheinheilig, ob es vielleicht seine Prothese sei.

Der mustert die künstlichen Zähne voller Freude, steckt sie in seinen Mund, stellt fest, dass es nicht sein Gebiss ist und – wirft sie verächtlich wieder über Bord, bevor sein Begleiter es verhindern kann.

Es kommt auf die Pfeife an

Ich wohne mit Hund und Familie am Stadtrand von Lüneburg und gehe täglich, um meiner Kleinen Münsterländer Hündin Gesa und mir Bewegung zu verschaffen, in den nahegelegenen Wald. Oft begegne ich dort anderen Hundehaltern. Man grüßt sich, wechselt ein paar freundliche Worte über seine Vierläufer, fachsimpelt auch mal über Hundeerziehung und geht dann weiter seines Weges.

Bei meinen Spaziergängen traf ich wiederholt eine jüngere Frau mit einem jungen, verspielten, völlig unerzogenen Schnauzer, der ausgelassen mit Gesa herumtollte. Wenn ich nach kurzem Plausch weitergehen wollte, pfiff ich zweimal kurz nach meiner Hündin, und die kam sofort und ging bei Fuß. Der gute Appell von Gesa imponierte der jungen Frau offensichtlich enorm.

Als sie einmal sah, dass Gesa nach einem einzigen kurzen Trillerpfiff schlagartig in die Down-Lage ging, weil sich ein Dauerläufer ängstlich an uns vorbeidrücken wollte, zeigte sie mir anschließend ihre Hundepfeife. „Die nützt überhaupt nichts", erklärte sie mir resigniert. „Ist ja auch nur ein ganz billiges Ding, hat mein Mann im Jagdgeschäft gekauft."

Und dann fragte die verzweifelte Hundeführerin: „Können Sie mir nicht ihre Pfeife verkaufen?"

Ausgetrickst

Joschka, mein ehemaliger Jagdkollege in Tansania, der auf einer Safari im Jahre 2005 von einer Löwin tödlich verletzt wurde, erzählte gerne folgende Geschichte von einem englischen White Hunter. Der hatte bei einer Leopardenattacke sein rechtes Augenlicht eingebüßt und trug ein Glasauge. Als er einmal Jagdgäste vom Flughafen in Arusha abholen musste, befürchtete er, dass sich die einheimischen Arbeiter während seiner Abwesenheit auf die faule Haut legen würden, anstatt das Lager in Ordnung zu bringen. Er legte deshalb sein Glasauge auf einen großen Stein mitten im Camp und erklärte seinen Leuten, dass dieses Auge alles genau beobachten werde, während er in der Stadt sei.

Als der Mann nach zwei Tagen mit seinen Gästen zurückkehrte, war er sehr erstaunt, dass alle seine Angestellten im Schatten lagen, schliefen oder untätig herumsaßen. Wenn er früher längere Zeit nicht im Lager war, hatte sein „wachsames" Auge sie alle auf Trab gehalten.

Er begab sich auf Spurensuche und fand bald die überraschende Lösung des Rätsels: Einer seiner pfiffigen Männer hatte einen Hut über den Stein mit dem Glasauge gestülpt.

Hunde, die besseren Diplomaten

„Es gibt Hunde, die sind viel klüger als ihr Herrchen", dozierte einmal ein Jagdfreund vor meinen Kindern. „Ich weiß", entgegnete meine Tochter Trixi stolz, „mein Papi hat auch so einen." Wie recht sie hat.

Gesa ist mein sechster Sinn, nicht nur auf der Jagd. Auch auf Reisen ist sie mein Begleiter. Wenn immer möglich, teilt sie im Hotel mit mir dasselbe Zimmer und liegt beim Frühstück ruhig unter dem Tisch. Auch auf Versammlungen, Tagungen oder bei Verhandlungen fehlt sie meistens nicht an meiner Seite.

Während einer Sitzung in einem Verlag ging es einmal hoch her. Vereinbarte Verträge sollten geändert und die Auflage meines geplanten Buches herabgesetzt werden. Ich wurde sehr erregt und wollte die Gespräche, die eine völlig andere als die vorher vereinbarte Richtung genommen hatten, kurzerhand abbrechen. Ärgerlich und in etwas schärferem Ton schimpfte ich: „Dann kann ich ja gehen."

Es herrschte betretenes Schweigen im Raum. Gesa, die bis dahin friedlich in der Ecke gelegen hatte, verstand „gehen" als Aufforderung und willkommenen Anlass, fröhlich aufzuspringen und zur Tür zu laufen. Erfreut wedelte sie mit der Rute, schaute mich erwartungsvoll an und gab zweimal Laut.

Im Nu war die gespannte Stimmung im Raum verflogen. Alle Anwesenden lachten befreit oder schmunzelten erleichtert, und es kam dank meiner Hündin noch zu einem halbwegs befriedigenden Abschluss.

Tödliche Lüge

Das Arboretum, halb Wald, halb Park, neben dem wunderschönen, aus dem 17. Jahrhundert stammenden Herrenhaus meines Onkels von O., ist der ganze Stolz des alten Herrn. Dort stehen viele exotische Bäume, die die Vorbesitzer des Gutes, von denen einige in diplomatischen Diensten standen, von ihren Reisen aus aller Welt mit nach Hause brachten und anpflanzten. Als im Laufe der Zeit durch Alter und Sturm Lücken in dem Bestand entstanden waren, wurden in diese Fehlstellen Blaufichten als zukünftige Weihnachtsbäume gepflanzt. Die waren begehrt und nicht gerade billig.

Um Geld zu sparen, wollte sich ein junger Mann aus dem Dorf kurz vor dem Christfest von dort einen Tannenbaum „organisieren". Als es dunkel wurde, schlich er heimlich in die Kultur. Dabei begleitete ihn sein kleiner Mischlingshund.

Als der Mann einen passenden Baum gefunden hatte und mit seiner Axt zum Schlagen ausholte, räusperte sich jemand hinter ihm. Erschrocken wandte er sich um.

Da stand der Gutsförster und fragte ihn, was er denn zu dieser späten Stunde noch im Wald wolle. Geistesgegenwärtig ließ der Übeltäter den erhobenen Arm mit der Axt sinken und antwortete mit weinerlicher Stimme: „Wissen Sie, Herr Förster, der Puck", und dabei zeigte er mit verzweifeltem Gesichtsausdruck auf den kleinen Hund, „der ist doch schon so alt, frisst nicht mehr, kann nichts hören und kaum noch sehen, und nun wollte ich ihn hier – er ging doch früher immer so gerne mit mir in den Wald – von seinen Qualen erlösen."

Der Förster hatte großes Verständnis: „Kein Problem", meinte er, nahm sein Gewehr von der Schulter, ein Schuss fiel, und der „arme" Puck war erlöst.

Der Anstands-Wauwau

Bobby, weit und breit wegen seines unverwüstlichen Optimismus und Humors beliebt, ist ein unermüdlicher Geschichtenerzähler. Er kennt wahrscheinlich sämtliche Anekdoten seit der Gründung Roms.

Er ist ein mäßig passionierter Jäger, vielbeschäftigter Manager und eine Seele von Mensch. Ihn zeichnen Herzenswärme, Bescheidenheit und ein trotz starker beruflicher Anspannung harmoni-

Der Anstands-Wauwau

Ein guter Jäger kennt sein Wild

sches Eheleben aus, dazu eine schon fast übertriebene Liebe zu seinem „Jagdhund" Bob, einem Cockerspaniel.

„Mit meinem Hund kann ich mich besser unterhalten als mit einem Menschen. Er versteht nicht nur menschliche Gesten, sondern kann sie sogar ausdrücken", erzählt der stolze Führer oft. Um das zu erhärten, gibt er dann meistens eine Geschichte über Bob zum Besten.

Als Bobby neulich von einer längeren Dienstreise nach Hause kam, berichtete er später, sei sein Hund traurig an ihm hochgesprungen, habe sich dann auf die Keulen gesetzt und seinen Herrn betreten angeschaut.

„Na, Bob, alter Junge, alles in Ordnung?"

„Jauuul!", war die Antwort des geliebten Vierläufers.

„Was war denn los? Irgendetwas mit Frauchen?"

„Wuff!", erwiderte das intelligente Tier und wedelte heftig mit der Rute.

„Ist was Schlimmes passiert?"

Der Hund schwieg mit sorgenvoller Miene.

„War etwa Besuch da?", bohrte Herrchen nach.

„Wuff."

„Etwa ein Mann?"

„Wuff, wuff."

„Und was haben sie gemacht?"

„Hechelhechelhechel ...!".

Ein guter Jäger kennt sein Wild

Vor vielen Jahren arbeitete ich als Schriftleiter für eine Jagdzeitschrift, die in der Lüneburger Heide ein großes Hochwildrevier für Lehr- und Ausbildungszwecke gepachtet hatte. Dieses Revier wurde von einem Berufsjäger mit seinem Praktikanten betreut.

Einer unserer Mitjäger behauptete, jedes Stück Wild in dem über 1 200 Hektar unfassenden Revier zu kennen. Bei dieser Reviergröße war das allerdings sehr unwahrscheinlich. Das Schwarzwild besaß je nach Reifestand der Feldfrüchte und der Kirrungen der Nachbarn ein riesiges Streifgebiet, doch wurde ein Keiler erlegt: Unser Jäger hatte ihn vorher schon gesehen!

Rothirsche standen nur in der Feistzeit im Revier, wanderten zur Brunft ab, Damwild fand hingegen gute Brunftplätze vor, war dafür aber den Rest des Jahres so gut wie verschwunden.

Trotzdem: Fiel bei uns oder in einem der Nachbarreviere ein Hirsch, konnte man sicher auf die erste Reaktion des Mannes wetten: „Den kenne ich", oder, „den habe ich schon x-mal gesehen", ließ er verlauten, auch wenn das Stück vorher seinen Einstand in einem weit entfernten Revier hatte.

Diese Angeberei nervte uns.

Auf der Jagd in Schweden fand ich die Abwurfstange eines jungen Elches, einen halben sogenannten „Fahrradlenker", den man bei flüchtigem Hinsehen mit der Abwurfstange eines abnormen Rothirsches verwechseln konnte. Erst bei einem zweiten Blick stellt man fest, dass sie nicht von unserem „König der Wälder" stammt. Diesen Abwurf nahm ich mit nach Hause.

Im April, als wir für die bevorstehende Rehbockjagd Pirschpfade säuberten und Hochsitze reparierten, platzierte ich meinen Fund so an den Rand eines Wildackers, dass er von einem der Mitjäger gefunden werden musste. Mein Plan ging auf. Am Nachmittag kam einer der Kollegen stolz mit der Abwurfstange und präsentierte sie der staunenden Runde.

Ehe noch einer von uns einen Kommentar hierzu abgeben konnte, war die Erklärung unseres „allwissenden" Mitjägers schon heraus: „Den Hirsch kenne ich – ein alter, zurückgesetzter Achter, der links eine Hinterlaufverletzung hatte. Habe ihn das letzte Mal im Finkenhorst gesehen."

„Ja, aber warum haben Sie denn damals nicht geschossen?", kam sofort die berechtigte Frage auf. „Nach Ihrer Schilderung muss das ja ein ganz besonderer Hirsch sein, eine einmalige Trophäe. Warum haben Sie uns nichts davon erzählt?"

„Es war im Dezember und der Rotwildabschuss bereits erfüllt", kam, wie aus der Pistole geschossen, die lapidare Antwort.

Während wir uns vielsagende Blicke zuwarfen, fuhr unser Mann unbeirrt fort: „Es war wirklich ein außergewöhnlicher Hirsch, so wie ich ihn vorher in meinem Leben noch nie gesehen habe. Ich hoffe, in der nächsten Brunft steht er wieder in unserem Revier."
Augenzwinkernd pflichteten wir ihm bei.

Blaues Früchtchen

Bei Familie Friedrich ist es schon seit langem Tradition, zum Geburtstag des Hausherrn zur Erdbeer-Bowle einzuladen. Allerdings wird das köstliche Getränk nicht mit profanen Früchten aus dem Garten angesetzt, sondern der Jahreszeit entsprechend mit den kleinen reifen Beeren aus dem Wald. Hans Friedrich ist schließlich Förster und beschert seinen Freunden mit der aromatischen Walderdbeer-Bowle jedes Jahr aufs Neue einen besonders köstlichen Gaumengenuss.

Zur letzten Geburtstagsfeier war Cousine Waltraut nur mit ihrer kleinen Tochter gekommen. Ihr Mann, ebenfalls Revierförster, war verhindert. Das Töchterchen spielte mit den anderen Kindern im Garten, während die Erwachsenen auf der Veranda der einsam im Wald gelegenen Försterei zusammensaßen, sich angeregt unterhielten und Walderdbeer-Bowle schlürften.

Plötzlich fing die Tochter der jungen Frau entsetzlich an zu schreien und ließ sich nicht beruhigen, so liebevoll die Mutter auch auf die Kleine einredete. Drohungen halfen genauso wenig wie liebevolle Versprechungen. Schließlich fuhr Waltraut, obwohl sie mehrere Gläser Bowle getrunken hatte, mit ihrem randalierenden Nachwuchs nach Hause.

Kaum hatte sie die Waldwege hinter sich gelassen und die befestigte Straße erreicht, wurden sie prompt von einer Polizeistreife angehalten. Die Beamten rochen sofort, dass hier Alkohol im Spiel war, und als die junge Frau erzählte, sie habe nur zwei klitzekleine Gläschen Bowle getrunken, schauten sich die beiden Polizisten vielsagend an. „Na ja", meinte einer der beiden, „das tut mir ja schrecklich leid, aber da müssen sie pusten."

Die Luft in dem Röhrchen verfärbte sich natürlich bedenklich, und der Polizist erklärte, dass er da leider überhaupt nichts machen könne, Waltraut so nicht weiterfahren dürfe und den Führerschein abgeben müsse.

In diesem Moment fing die Kleine auf dem Rücksitz wieder furchtbar an zu weinen, sie wolle auch mal pusten. Dem Polizist war die ganze Angelegenheit recht unangenehm, außerdem hatte er Mitleid mit der jungen Mutter, und so gab er dem schreienden Mädchen ebenfalls ein Röhrchen. Kaum hatte die Kleine es an den Mund gesetzt, verfärbte es sich zum Erstaunen der Erwachsenen ebenfalls und zwar viel stärker als vorher bei der Mutter.

Da konnte etwas nicht stimmen. Verunsichert gab einer der Beamten Waltraut den Führerschein zurück und verabschiedete sich höflich mit dem Rat, trotzdem sehr vorsichtig weiterzufahren. Das tat die junge Frau auch erleichtert.

Kurz nachdem sie zu Hause angekommen war, klingelte das Telefon. Am anderen Ende der Leitung war Karin Friedrich, die noch fröhlich auf der Veranda vor der Försterei feierte.

„Stell dir vor Waltraut, was geschehen ist", erzählte sie aufgelöst, „die Kinder haben sämtliche Früchte aus der Bowle gefischt und aufgegessen."

Der Lohn des Lachens

Eine Freundin meiner Frau brachte folgende Geschichte mit nach Hause, die sich in Amerika zugetragen haben und auf jeden Fall wahr sein soll:

Eine alte Dame aus einem entlegenen kleinen Dorf in Nebraska fuhr in eine große Stadt, die für ihre hohe Kriminalitätsrate berüchtigt war. Am Empfangstresen des im Voraus gebuchten Hotels erledigte sie die für die Anmeldung erforderlichen Formalitäten und stieg in den Aufzug, um sich nach der langen Reise in ihrem Zimmer im vierzehnten Stockwerk frisch zu machen.

Im Lift traf sie auf einen großen schwarzen Mann in Tarnkleidung, wie sie viele Jäger in Amerika tragen. An seiner Seite saß ein riesiger Jagdhund, der die bereits etwas verschüchterte Frau rutewedelnd begrüßen wollte, als sie in die Kabine trat. Kurz und energisch brüllte Herrchen „Down", worauf sich die alte Dame verängstigt auf den Boden warf.

Der Jäger, „Regional Manager des Safari Club International", hatte natürlich seinen Hund gemeint. Als die Dame auf „Down" schlagartig zu Boden gegangen war, fand er diesen „besten Gag der letzten Jahre" so komisch, dass er seiner Liftgefährtin als „Schmerzensgeld" die Hotelrechnung bezahlte.

Der Schuft liegt in der Gruft

Freund Nupsi, eigentlich heißt er Arnold, Meister im Geschichtenerzählen, hat den Dreh raus, Pointen lebendig und einfallsreich an den Mann (respektive die Frau) zu bringen. „Hast du schon gehört, was neulich der Schwester des Schwagers meiner Tante passiert ist?", beginnt er gerne seine Storys.

Seine jüngste Anekdote handelt von der Beerdigung Klaus Müllers.

Nach der Beisetzung kam dessen intimster Jagdfreund Hinrich Vogeler ganz verstört in das Lokal, in dem die Trauergäste zusammensaßen, um noch einmal des Toten zu gedenken. „Hinrich, was ist los mit dir, du bist ja ganz bleich und zitterst ja am ganzen Leibe?", fragte ihn einer der anderen Jäger teilnahmsvoll.

„Schrecklich ... nicht auszudenken! Dass meinem alten Jagdgenossen das passieren musste!", stöhnte Vogeler.

„Ja, was ist denn geschehen? Erzähl!"

„In ein Massengrab hat man ihn geworfen ... in ein Massengrab!"

„Was erzählst du denn da, man hat ihn doch ganz normal beerdigt."

„Aber ich hab's doch selbst gesehen! Auf dem provisorischen Holzkreuz stand ganz eindeutig: ‚Hier ruht Klaus Müller. Mit ihm wurde ein ehrlicher, anständiger Waidmann begraben.'"

Mit der Eier-Linie zur „Vous-Jagd"

Kurt steckt die Jagdpassion im Blut. Schließlich waren seine Vorfahren mütterlicher- wie väterlicherseits seit vielen Generationen Jäger. Er ist schon als kleiner Junge von seinem Vater mit in den Wald genommen worden und hat kaum etwas anderes im Sinn als das Jagen.

Weil er den landwirtschaftlichen Betrieb der Eltern übernehmen wird, absolviert er in der Nachbarschaft des väterlichen Hofes eine landwirtschaftliche Lehre. Im Übrigen ist er noch nicht oft über die Grenzen seines beschaulichen Heimatdorfes hinausgekommen. Auf dem Lehrbetrieb macht damals noch ein anderer junger Mann ein Praktikum. Er heißt Pierre, ist Franzose und soll in seinem Heimatland auch einen Hof erben. Pierre jagt ebenfalls gern und freundet sich schon bald mit Kurt an. Beide Jungen jagen in ihrer knapp bemessenen Freizeit eifrig auf Kurts elterlichem Hof auf Hasen, Fasanen, Hühner, Tauben oder Kaninchen. Reh- oder gar Hochwild kommt in dem Revier nicht vor.

Als Pierres Praktikum zu Ende geht und er wieder nach Frankreich zurück muss, lädt er seinen Freund Kurt für den kommenden Herbst zur Jagd auf Hochwild in das Revier seiner Eltern in der Nähe von Lyon ein.

Kurt freut sich sehr, kann die Zeit bis dahin kaum erwarten, und dass er kein Französisch spricht, mindert seine Begeisterung nicht im Geringsten.

Endlich rückt der Termin näher, und es gilt, einen Flug nach Lyon zu buchen.

Mit der Fluggesellschaft des „Eier Franz" wolle er verbunden werden, sagt er der hilfsbereiten Dame bei der Telefonauskunft. Die sucht in ihrem umfangreichen Verzeichnis nach allen möglichen Begriffen, unter denen der „Eier Franz" firmieren könnte: Eierhandel, Geflügelzucht, Hühnerhof, Legebatterien, Bodenhaltung, Biohühner, Spezialitätenrestaurants und so weiter und so weiter. Ohne Erfolg.

„Des is doch net möglich", ereifert sich Kurt schließlich, „de Eier Franz jibbet doch an jedem Fluchhafe, hab ich doch selber jesehn, und mein Freund hat jesacht, ich soll den Flieger nur bei den buchen!" Nun geht der Dame vom Amt ein Licht auf, sie verbindet Kurt mit dem Schalter der „Air France" und der kann seinen Flug antreten.

In Lyon wird er am Flughafen von seinem Freund abgeholt. Fröhlich fahren die beiden zum Chateau, wo die Eltern des Freundes den

Gast mit „petit fours" (Gebäck) sowie Mocca empfangen. Kurt kann kaum erwarten, ins Revier zu kommen, was die Franzosen sehr wohl verstehen.

Mit einem Begleiter, der der deutschen Sprache nicht mächtig ist, zieht er schon bald zum Jagen hinaus in den Wald, und am frühen Nachmittag sitzen die beiden Männer bei noch gutem Büchsenlicht auf einem Hochsitz. Sie haben kaum eine halbe Stunde gewartet, da zieht ein einzelnes Stück Rotwild auf die Schneise. Der Franzose bedeutet Kurt: „A vous, Monsieur" (Sie sind dran, mein Herr), und wartet darauf, dass sein Gast schießt.

Der aber starrt nur begeistert durch sein Fernglas, bis das Stück wieder verschwunden ist. Achselzuckend lehnte sich der Begleiter auf der Hochsitzbank zurück.

Kurz darauf erscheinen zwei weitere Stücke vor den beiden Jägern und entlocken Kurt die Worte: „Do schau her, zwoa vous!"

Wer andern eine Grube gräbt

Die Polizei hatte Friedhelm schon lange auf dem Kieker, weil er nach der Jagd oft noch zu später Stunde im Gasthof zur Post in dem kleinen Dorf Eversen einkehrte und dort mit anderen Jägern des Ortes die halbe Nacht verbrachte. Dabei wurde viel getrunken, und Friedhelm fuhr mit dem Auto deshalb in Schlangenlinien nach Hause. Trotz mancher Tricks konnten ihn die Beamten jedoch nie überführen.

Als nun eines Abends Friedhelms Wagen wieder stundenlang vor der Gastwirtschaft parkte, beschlossen die Polizisten, ihn auf frischer Tat zu ertappen. Sie fuhren mit dem Streifenwagen in die offene Garage neben Friedhelms Bauernhaus, schlossen das Tor von innen und harrten der Dinge, die da kommen sollten. Sie hatten allerdings die Rechnung ohne Friedhelms Frau Sieglinde gemacht, die die Beamten vom Schlafzimmerfenster aus beobachtete, Schlimmes ahnte und im Gasthof anrief.

Im Lokal fand sich sofort einer der wenigen noch nüchternen Mitjäger, der Friedhelm in seinem Fahrzeug nach Hause fuhr. Sie parkten das Auto so eng vor der Garage, dass die Schwingtür sich nicht mehr öffnen ließ und die Polizisten eingesperrt waren. Nach langem Rufen und Klopfen befreite Friedhelm die Beamten schließlich voller Schadenfreude aus ihrer misslichen Lage, und die Hüter des Gesetzes fuhren kleinlaut davon.

Geglaubt wird, was gefällt

Mac Arthur, ein schottischer Großgrundbesitzer, lag im Sterben. Teilnahmsvoll stand die gesamte Familie an seinem Bett.

„Bevor ich in einem anderen Revier jage", so murmelte der alte Herr mit schwacher Stimme, „will ich euch sagen, dass der geizige Peter McKinnley mir zwei Schrotpatronen schuldig ist. Ich habe sie ihm im letzten Herbst auf der Jagd in Howards Castle geliehen, als ihm die Munition ausging. Ich werde keine Ruhe finden, ehe ich nicht sicher bin, dass der alte Geizkragen sie vor meinem Begräbnis zurückgegeben hat!"

„Aber das ist doch selbstverständlich!", rief die Familie wie aus einem Munde, und der älteste Sohn machte sich bereits zu Peter

McKinnley auf den Weg, um die Patronen zurückzufordern.

Mit schwächerer Stimme fuhr der alte Mac Arthur fort: „...und dann muss ich euch noch sagen, dass ich William Smith – er war immer ein großzügiger Jagdfreund – zwei Pfund schuldig bin. Er hat im Pub einen Whisky für mich bezahlt. Bevor er sein Geld nicht zurückbekommen hat, kann ich keine Ruhe ..."

Darauf schrie die Familie, den Sterbenden unterbrechend und alles Weitere übertönend: „O Gott, er fantasiert schon, er fantasiert!"

Auge in Auge mit der Bestie

In den 1970er-Jahren trafen sich die Jäger aus meinem Heimatdorf sonntags nach dem Kirchgang im Gasthof, tranken gemeinsam ein paar Gläser Bier und tauschten Jagdgeschichten aus.

Damals gesellte sich ungefragt ein den meisten von uns bis dahin unbekannter Jäger, ein rotgesichtiger, dicker, vielen von uns unsympathischer Mann zu der Stammtischrunde.

Er ergriff das Wort, indem er meinen Freund Ortwin, Obmann unserer Jagdhornbläsergruppe, unterbrach und unaufgefordert von seinen Jagderlebnissen zu erzählen begann: „Es war glühend heiß, die Sonne stand senkrecht über mir, und mich quälte höllischer Durst", begann er. „Ich hatte die Fährte des kapitalen Büffels schon über vier Stunden durch dichten Busch, hohes Gras und tiefen Sumpf verfolgt, dann sah ich die Kuhreiher auffliegen und wusste, dass ich von meinem Ziel nicht mehr weit entfernt sein konnte.

Vorsichtig schlich ich weiter, die schwere Doppelbüchse entsichert in den Händen, jederzeit bereit für einen schnellen Schuss, da-

rauf gefasst, dass mich der Büffel annimmt. Plötzlich teilt sich vor mir das mannshohe Gras, ein furchterregender Anblick, ich sehe nur noch einen hässlichen Schädel mit rot unterlaufenen Augen ..."
„Der Büffel auch", platzt es aus meinem Freund Ortwin heraus.

Den Seinen gibt's der Herr im Schlaf

Ein auch von mir sehr geschätzter Studienkamerad meines Sohnes, Max von S., natürlich ebenfalls passionierter Jäger, zeichnet sich neben der Genialität, mit der er sein Leben meistert, durch besondere Hilfsbereitschaft aus. Während der Studienzeit wurde er von seinen Corpsbrüdern am Abend des 14. Mai – damals ging die Rehbockjagd erst am 16. des Monats auf – gebeten, für die ganze Gesellschaft Jagdscheine zu lösen. Die Zeit drängte also, und Max machte sich am nächsten Nachmittag, noch ziemlich mitgenommen von der nächtlichen Kneipe, zur Jagdbehörde in Göttingen auf, um seinen Auftrag zu erledigen. Wie üblich trug er seine speckige Lederbundhose, ein grünes Hemd und seinen großen Schlapphut.

Dem leidgeprüften, für die Jagdscheine zuständigen Beamten waren die Forststudenten der jagdlichen Verbindung seit vielen Jahren bekannt, und er wusste auch, dass sie mit ihren „Problemen" meistens erst in der allerletzten Minute kamen. Deshalb stellte er auch kurz vor Feierabend gerade noch rechtzeitig die begehrten Papiere für die jungen Herren aus, und Max bedankte sich erleichtert.

Nach der durchzechten Nacht hatte ihn das lange Warten müde gemacht. Er setzte sich, nachdem er seinen Auftrag erledigt hatte, vor dem Amtsgebäude auf die Eingangsstufen, um zu verschnaufen.

Dabei musste er eingenickt sein. Wie lange er geschlafen hatte, wusste er nicht mehr. Jedenfalls erwachte er erst, als er von zwei Polizisten wachgerüttelt und aufgefordert wurde, sie zur Wache zu begleiten. „Vor öffentlichen Gebäuden darf nicht gebettelt werden", wurde ihm vorgeworfen.

Seinen Beteuerungen, er wäre kein Bettler, schenkten die Hüter des Gesetzes zunächst keinen Glauben. Wortlos deutete einer der Beamten auf den großen Schlapphut. Der war Max beim Schlafen vom Kopf gerutscht, lag mit der Innenseite nach oben neben ihm auf der Treppenstufe, und mitleidige Passanten hatten insgesamt 16,23 Euro hineingeworfen. Max hatte alle Mühe, das Missverständnis aufzuklären.

Schatten der Vergangenheit

Mein Mitjäger Heinz fuhr seit vielen Jahren in die Steiermark zur Gamsjagd. Dort genoss der fesche Junggeselle das Leben in vollen Zügen und schwärmte nach der Rückkehr jedes Mal begeistert von dem kräftezehrenden Jagen in den Bergen, dem hohen Wildvorkommen, den aufgeschlossenen Menschen und der urigen Atmosphäre in seinem Stammhotel.

Kürzlich heiratete Heinz. Seine naturliebende junge Frau und er beschlossen, ihre Flitterwochen in eben diesem Hotel in den Bergen zu verleben, in dem der junge Bräutigam schon seit vielen Jahren so gern logierte, wenn er zur Jagd ging. Zwei Tage nach der Hochzeit fuhren die beiden Jungverheirateten erwartungsvoll nach Österreich.

Als sie nach langer ermüdender Reise am Ziel ankamen und den Hotelaufzug betraten, flüsterte das entzückende junge Liftgirl: „Hallo, Darling!" Auf der Fahrt nach oben herrschte sodann eisiges Schweigen in der Fahrstuhlkabine.

Als das junge Paar aus dem Fahrstuhl getreten war und sich die Tür hinter ihnen wieder geschlossen hatte, fauchte die Braut wütend: „Wer war dieses Mädchen?"

„Also, jetzt bitte keinen Krach!", bat der Gatte. „Ich werde morgen schon genug damit zu tun haben, um ihr zu erklären, wer du bist."

Gewöhnungsbedürftig

Man weiß nicht, ob man über die Ehe von Anette und Erwin lachen oder weinen soll, ob alles, was sich die beiden verbal gegenseitig an die Köpfe werfen, ernst gemeint ist oder nicht. Einige Sprüche habe ich mir gemerkt.

Auf dem Jägerball: „Jedes Mal, wenn du ein hübsches Mädchen siehst, vergisst du, dass du verheiratet bist!"

Darauf er: „Im Gegenteil, gerade dann fällt es mir wieder ein."

Anette zu ihrem Mann, als er zur Jagd fahren will: „Das einzige Amüsement, das das Wild heute noch hat, seid doch ihr Jäger."

Ein anderes Mal diskutierten die beiden über die Abrichtung ihres Deutsch-Drahthaar-Rüden und Anette giftete Erwin an: „Immer hast du eine andere Meinung als ich."

„Sei doch froh", kam die Antwort ihres Mannes, „sonst hätten wir ja beide unrecht."

Erwin, der es mit der ehelichen Treue nach der Devise „lieber eine Schwäche *für* als *bei* Frauen" nicht so ganz ernst nimmt, widmet
sich mitunter lieber dem Alkohol als seiner Frau. Als er wieder leicht
angetrunken vom Jägerstammtisch nach Hause kommt, empfängt
sie ihn: „Musst du denn immer so spät aus der Kneipe kommen?"
Darauf er: „Wieso, ich komme doch freiwillig."

Am nächsten Morgen fragt Anette: „Woher nimmst du bloß noch
den Mut, mir ins Gesicht zu schauen?"

Erwin: „Man gewöhnt sich an alles."

Irre schöne Landschaft

Auf einer bergigen und kurvenreichen Fernstraße durch Alaska fahren zwei deutsche Jäger in einem luxuriösen Geländewagen gen
Norden, um in der Umgebung von Fairbanks ihren Jagdführer zu
treffen und mit ihm vierzehn Tage lang auf Schwarzbär- und Elchjagd zu gehen. Hinter einer Straßenbiegung parken sie den Wagen
und genießen die schöne Aussicht mit herrlichstem meilenweitem
Ausblick auf eine atemberaubende Landschaft.

Plötzlich summt ein Rolls-Royce heran, stoppt ebenfalls, und der
Fahrer bietet den beiden Deutschen freundlich seine Hilfe an.

„Reifenschaden?", fragt er höflich.

„Nein", versetzen die beiden.

„Benzin ausgegangen?", forscht der Amerikaner weiter.

„Nein."

„Motorpanne?"

„Nein, alles in Ordnung."

„Darf ich dann vielleicht fragen, warum sie hier gehalten haben?", fragt der Führer der schweren Limousine erstaunt.

„Nur so, um die Landschaft zu bewundern." '

Darauf gibt der Rolls-Royce Fahrer entsetzt Vollgas, und nach acht Minuten ist der nächste Polizeiposten darüber informiert, dass sich 26 Meilen weiter nördlich zwei gefährliche Irre auf der Straße befinden.

Kein Punkt für Ehrlichkeit

Die Prüfungsbedingungen für das „Grüne Abitur" in unserer Kreisgruppe waren überarbeitet und geändert worden. Das erste Mal wurde nach der neuen Ordnung verfahren, und nach der bestandenen Jägerprüfung veranstalteten wir unter den erfolgreichen Absolventen eine Rundfrage, um die Antworten für den folgenden Kursus auszuwerten.

Eine Frage unter mehreren anderen lautete: „Welche Bücher haben Ihnen bei der Vorbereitung für die Jägerprüfung besonders geholfen, welche würden Sie den Teilnehmern des nächsten Kursus empfehlen?"

Einer der Jungjäger schrieb: „Das Kochbuch meiner Mutter und das Scheckbuch meines Vaters."

Der Schmuggler mit dem Geigenkasten

Bodo ist traditionsbewusst und liebt alte Dinge. Seine Kleidung, angefangen beim schäbigen Jagdfilz über den uralten Lodenjanker, ein Erbstück seines Urgroßvaters, bis zu der speckigen Lederbundhose erinnert eher an die eines heruntergekommenen Wilderers. Mit dem teilt er aber lediglich die Jagdpassion.

Nie sah ich den Freund in Gummistiefeln, er trägt altmodische Gamaschen. Um seinen Hals hängt kein gummiarmiertes modernes Fernglas, sondern ein Vorkriegsmodell mit einem zerschlissenen Lederlappen als Wetterschutz. Seine Flinte aber transportiert Bodo in einem wunderschönen, alten Schweinslederkoffer, um den ihn so mancher Jagdfreund beneidet.

Doch kann sich Bodo, wenn es opportun erscheint, auch von liebgewordenen Dingen trennen und so schnell mit dem Fortschritt gehen, dass dieser keuchend zurückbleibt. Das zeigt folgende Begebenheit:

Eines Tages reiste Bodo mit einem arg lädierten Geigenkasten zur Jagd an. Wir waren sehr erstaunt, als er aus der profanen schwarzen Pappmascheekiste seine Flinte auspackte.

„Ich komme gerade aus England", entschuldigte er sich bescheiden und erntete erstaunte Blicke. „Wenn ich zum Jagen ins Ausland fahre, transportiere ich meine Flinte nicht in meinem wertvollen Gewehrkoffer, sondern in diesem einfachen Geigenkasten. Bisher hat noch nie ein Grenzschutz-, Zoll- oder Polizeibeamter Verdacht geschöpft", erläuterte er augenzwinkernd seinen „Stilbruch".

Von der Weisheit in der Natur

„Was weißt du über Pilze?", wurde meine achtjährige Tochter Trixi vom Lehrer gefragt.

„Pilze wachsen nur an feuchten Stellen", antwortete die Kleine und fuhr nach einer kurzen Überlegungspause fort: „Deshalb sehen sie aus wie Regenschirme."

Von der Weisheit in der Natur

Musst nicht in die Ferne schweifen ...

Musst nicht in die Ferne schweifen ...

Eine Freundin meiner Tochter Trixi verbrachte vor ihrem Abschlussexamen als Volksschullehrerin ein halbes Jahr irgendwo im nördlichen Kanada in einer entlegenen Siedlung und sollte dort die Kinder der Einheimischen unterrichten. Dorthin ließ sie sich auch ihre pädagogischen Zeitschriften nachschicken und fand darin unter anderem Vorschläge für ein Nikolausspiel, das sie mit ihrer Klasse besprach.

Die Kinder, die als Rentiere des Nikolaus auftreten wollten, sollten braune Sachen tragen. Das Rentiergeweih, so hieß es, könne aus Ästen oder Zweigen bestehen, die man zurechtschneiden und bemalen solle.

Mit einem Blick auf die kahle, baumlose Gegend seufzte die angehende Lehrerin: „Ich glaube, Kinder, wir müssen uns etwas anderes ausdenken, Geweihe aus Ästen können wir nicht herstellen, weil hier ja keine Bäume wachsen."

Die Kleinen machten enttäuschte Gesichter, bis sich ein Inuitjunge meldete: „Wir haben zwar keine Bäume, Fräulein, aber Rentiergeweihe liegen hinter unserer Hütte massenhaft."

Der schlafende Wächter

Mein Freund Klaus, wie könnte es auch anders sein, ist begeisterter Jäger und ein Hundefreund. Vor seinem Haus prangt ein Warnschild mit der Aufschrift: Wir sind Vegetarier, aber unser Hund nicht!

Auf der Jagd recht erfolgreich, sind dagegen seine Fähigkeiten, einen Hund abzurichten, eher begrenzt.

Als seine scharfe Jagdterrierhündin das Zeitliche gesegnet hatte, rieten ihm Freunde, sich einen ruhigeren, nicht so wilden Jagdgenossen zuzulegen. Wie in seiner Ehe war Klaus mit der vertauschten Rollenverteilung Herr und Untergebene auch mit „Hexe", so hieß die temperamentvolle Terrierdame, stets überfordert gewesen.

Die Wahl für eine Nachfolgerin fiel deshalb auf einen Labrador. Treff vom Eichenbusch, der neue Jagdgefährte, war ganz das Gegenteil seiner Vorgängerin: Phlegmatisch verträumte er den Tag vor der Jagdhütte, war ängstlich, schussscheu, und Besucher begrüßte er unterwürfig. Treff war zwar groß und schwer, aber so sensibel und empfindlich, dass jede Mimose im Vergleich zu ihm ausgeprägt robust war.

Freund Wilhelm frotzelte: „Wenn du Treff mit der Hexe gekreuzt hättest, hätten wir einen Hund, der einem Einbrecher das Bein abreißt und dann wegläuft, um Hilfe zu holen."

„Ha", konterte Klaus, „der Treff ist so wachsam, der bellt sogar, wenn ich von Einbrechern träume."

Neulich brachen zwei junge Leute, während Klaus tief schlafend auf dem Bett lag, in die Jagdhütte ein, zogen aber ohne Beute wieder ab, als er erwachte.

„Wie konnte denn das passieren?", wurde er gefragt. „Du hast doch deinen Treff?"

„Ja, der war zwar da", erinnerte sich Klaus, „aber den müssen sie wohl übersehen haben."

Wie du mir, so ich dir

Anfang der 8oerjahre des letzten Jahrhunderts, also noch zu „seligen" DDR-Zeiten, hatten zwei Polizisten in Mecklenburg-Vorpommern auf einer Landstraße, die sich durch ein großes Waldgebiet zog, eine Radarfalle installiert. Der Platz hinter einer scharfen Kurve war geschickt ausgewählt, denn schon bald wurden sie fündig: Ein Autofahrer raste mit überhöhter Geschwindigkeit vorbei, wurde auf den nächsten Waldparkplatz gewunken und von den Beamten in überheblichem Ton über sein Fehlverhalten belehrt. Nach kurzem Disput zahlte der Delinquent ärgerlich die Strafgebühr von 40 Ostmark.

Nachdem alle Formalitäten abgeschlossen waren, zündete sich einer der Polizisten eine Zigarette an. Zur Überraschung der Beamten zückte nun der Autofahrer seinen Ausweis und eröffnete dem Staatsdiener: „Ich bin der für dieses Gebiet zuständige Revierförster. Sie rauchen im Wald und das ist strikt verboten. Damit ist für Sie ein Bußgeld von 200 Mark fällig."

So bescheiden ist nur ein echter Gentleman

Mit Bodo von L. verbindet mich eine langjährige Jagdfreundschaft. Er ist, was man heute auf den Jagden nur noch selten antrifft: ein durch und durch passionierter Jäger und dazu Gentleman alter Schule, ein Grandseigneur, der mit seinem Charme beim weiblichen Geschlecht gut ankommt. Darüber hinaus ist er ein exzellenter Schütze, der gern zu Gesellschaftsjagden eingeladen wird, zumal er eine Jagdgesellschaft auch in schwierigen Situationen amüsant zu unterhalten vermag. Bodo ist tolerant, bescheiden und drängt sich nie in den Vordergrund.

Neulich übertraf er sich auf der Jagd eines gemeinsamen Freundes im Westfälischen wieder einmal fast selbst: Ihm kamen auf einem Stand 14 Hähne und er erlegte mit 15 Schüssen zwölf von ihnen.

Das war nun wirklich der Erwähnung wert. Als man dem Schützen gratulierte, war ihm die Angelegenheit äußerst peinlich. Bescheiden wehrte Bodo ab: „Meine Herren, von den zwölf Hähnen abgesehen habe ich aber doch nur vorbeigeschossen."

Diplomatenjagd

Als Zar Alexander von Russland, ein begeisterter Jäger, einmal den Großherzog von Hessen besuchte, wollte der Gastgeber seinem hohen Gast einige besondere jagdliche Leckerbissen bieten, unter anderem eine interessante Baujagd. Diese Jagdart war im fernen Russland weitgehend unbekannt.

In der Nähe des Dorfes Jugenheim wurde der Zar Zeuge, wie Hunde in einen Bau schliefen, Laut gaben, gegraben wurden und die Leibjäger vier Fuchswelpen ans Tageslicht beförderten. Der Zar war von dieser Jagd und dem Erfolg begeistert.

Als die Jagd beendet werden sollte und die Gesellschaft zusammenkam, um zum Jagdessen zu fahren, rief einer der Jagdgehilfen laut: „Da muss aber noch ein Fuchs im Bau stecken, wir haben doch fünf reingetan."

Was dem Kind nicht schmeckt,
schmeckt Reineke nimmermehr

Schon als mein Sohn Moritz noch klein, gerade dem „Krabbelalter"
entwachsen war, kam er gern mit mir in den Wald. So wurde ihm
bereits in früher Jugend vieles in der Natur vertraut.

Einmal kontrollierte ich mit ihm den Luderplatz. Der Aufbruch
einer Ricke, die ich einige Tage vorher geschossen, dort hingebracht
und notdürftig mit Grassoden bedeckt hatte, war nicht angenom-
men worden.

Während mein Sohn auf dem Erdboden umherkroch und ihn
gründlich inspizierte, suchte ich in der Umgebung nach Fährten
und Spuren.

Als ich zurückkehrte, klärte mich der Kleine auf, warum meine
Bemühungen vergeblich und keine Rotröcke erschienen waren:
„Papi, ich weiß, warum die Füchse das nicht essen: Das schmeckt
ja grässlich!"

Der brave Mann denkt an sich zuerst

Mein Großonkel Franz betreute vor dem letzten Krieg ein großes
Forstamt in Mecklenburg. Eines Morgens hatte einer seiner Waldarbeiter Sauen gefährtet, war der Rotte gefolgt und hatte festgestellt,
dass die Schwarzkittel sich in einer kleinen Dickung eingeschoben
hatten. Erfreut berichtete er seinem Chef davon.

Binnen kurzer Zeit waren einige Schützen und Treiber aus der
Nachbarschaft mobilisiert, und am frühen Nachmittag zog man er-

wartungsvoll in den Wald zu der besagten Dickung. Die war bald noch einmal umkreist, und siehe da, die Sauen steckten noch. Flink wurde abgestellt, die Treiber stürzten mit lautem Hallo los, kurz darauf fielen mehrere Schüsse. Nach dem Abblasen fand man sich am vereinbarten Sammelplatz ein. Drei Sauen lagen auf der Strecke.

„Das haben Sie ja vortrefflich hingekriegt", bedankte sich mein Großonkel vor der Corona bei dem trinkfesten Waldarbeiter, der die Rotte ausfindig gemacht hatte und spontan zum „Obertreiber" ernannt wurde.

„Ohne Sie hätten wir die Sauen nicht bekommen. Hier haben Sie fünf Mark, aber kaufen Sie mir nun nicht gleich Schnaps dafür!"

„Ihnen?", staunte der Mann ungläubig, „ja wie käme ich denn dazu!"

Peinlich, peinlich

Nach erfolgreicher Drückjagd auf einem Truppenübungsplatz im östlichen Mecklenburg-Vorpommern saß ich beim Schüsseltreiben in fröhlicher Runde im Gasthaus und lauschte der Rede des Jagdkönigs. Der fand und fand kein Ende.

Er begann mit seinen Eindrücken bei der morgendlichen Begrüßung, fuhr fort, in Erinnerungen an ähnliche Jagden zu schwelgen, reflektierte über Wildbestände und beschrieb umständlich alles, was er während dieser Jagd und auf früheren Jagden erlebt hatte. Bis ins kleinste Detail schilderte er, wie, wann und wo ihm Sauen gekommen waren, vergaß auch nicht, (in aller Bescheidenheit) seine Schießkünste hervorzuheben, lobte die Organisation, Treiber, Hunde und so weiter.

Und damit war er immer noch nicht am Ende, sondern dozierte über den Niedergang des edlen deutschen Waidwerks und bessere Zeiten. Nach einer Viertelstunde wurden einige der Anwesenden ungeduldig.

Da bemerkte ich, wie sich mein Gegenüber zu seiner Tischnachbarin beugte und leise fragte: „Gnädige Frau, wie kann man diesen Quasselkopf bloß dazu bringen, endlich Schluss zu machen – ich habe fürchterlichen Durst."

„Ja, das weiß ich auch nicht", kam flüsternd die Antwort, „obwohl ich schon seit über 30 Jahren mit ihm verheiratet bin."

Der Super-Jäger-Vater

Wenn mein Sohn Moritz, schon lange gestandener Manager in Lohn und Brot, als kleines Kind nicht einschlafen wollte oder konnte, erzählte ich ihm oft von meinen spannenden Erlebnissen mit Krokodilen und Elefanten, Löwen und Büffeln, und er lauschte mit großer Begeisterung, bis er endlich einschlummerte.

Nachdem ich ihm eines Abends wieder fast eine Stunde lang über Jagdabenteuer mit meinen Jagdgästen in Afrika hatte erzählen müssen, beendete er mit halb geöffneten Augen und verschlafener Stimme die recht einseitige Unterhaltung: „Ja, Papi, und die anderen Jäger, wozu werden die alle gebraucht?"

Angst?

„Mut bedeutet nicht, dass man keine Angst kennt. Mut bedeutet, dass man etwas tut, obwohl man Angst hat." Ein Ausspruch meines Freundes Joschka. Wie recht er hat.

Auf Safaris möchten meine Gäste mitunter besondere Stimmungen, Beobachtungen oder Jagderlebnisse mit einer Videokamera filmen. Mit heutiger Technik ist das selbst für technisch wenig Begabte kein größeres Problem. So bat mich in Zimbabwe ein Jäger, ihn bei der Büffeljagd aufzunehmen, was ich mit seiner kleinen handlichen Kamera auch gerne tat.

Vorweg meine beiden Fährtenleser, dann der Gast und am Schluss der kleinen Truppe ich mit Waffe und Filmkamera, waren wir bereits seit dem frühen Morgen über vier Stunden den Fährten einer Büffelherde durch den Busch gefolgt. Ich rechnete damit, bald auf sie zu stoßen, filmte eifrig meinen müden und durstigen Gast sowie den Fährtenleser Samuel, der mit dem Zeigefinger in der Büffellosung herumstocherte und kontrollierte, wie frisch sie war, und auch John, der mit seinem Aschesäckchen hantierte und den Wind prüfte.

Gegen Mittag hatten wir die große Herde endlich eingeholt. Mehrere Stücke hatten sich niedergetan und ruhten im Schatten großer Schirmakazien. Andere dösten im Stehen bewegungslos vor sich hin. Nur wenn sie ab und zu mit dem Wedel lästige Insekten vertrieben oder mit dem Kopf schüttelten, kam etwas Leben in die mächtigen, schwarzen Kolosse. Einige hatten sich abgesondert und ästen vertraut – ein Bild friedlicher Stimmung.

Als wir auf fünfzig Meter herangekrochen waren, verbargen wir uns hinter einem großen Termitenhügel, um die Tiere anzusprechen und einen passenden Bullen zum Abschuss auszusuchen. Dabei gelangen mir wunderschöne und eindrucksvolle Filmaufnahmen.

Dank der guten Optik konnte ich sogar die Mimik eines grimmig anzusehenden Bullen mit zerfetzten Lauschern und vernarbtem Gesicht, als er mehrere Augenblicke zu uns her äugte, so nah heranzoomen, dass sein Kopf quasi als Porträt den gesamten Sucher der Kamera ausfüllte und die Situation fast bedrohlich wirkte.

Der Bulle hatte zwar keinen überwältigenden Helm, war aber anscheinend einer der stärksten aus der Herde. Friedlich äste er sechzig, siebzig Gänge von uns entfernt, kam dabei aber immer näher. Schließlich signalisierte ich dem Jagdgast zu schießen. Auch diese Situation konnte ich filmen.

Als wir uns abends im Lager den Videofilm anschauten und den Ausschnitt sahen, in dem der Bulle in die Kamera äugte, hatte man den Eindruck, der Büffel sei höchstens zehn Meter von uns entfernt gewesen. Mein Gast wurde kreidebleich und zitterte.

„Wir hätten uns den Film vielleicht später anschauen sollen, jetzt wühlt er die ganze Spannung, Aufregung und Schussangst in Ihnen wieder auf", meinte ich mitfühlend.

„Angst?", erwiderte mein Gast, immer noch blass und bebend, „Angst hat mir erst dieser Film eingejagt!"

Diagnose – Autopsie!

Am Vorabend der traditionellen Jagd bei einem befreundeten Spirituosenfabrikanten in der Nähe von Bingen saßen wir in froher Runde im Haus unseres Gastgebers, erzählten, planten, diskutierten, und es ist nicht zu leugnen, dass an diesem fröhlichen Abend nicht nur Limonade getrunken wurde.

Ich prostete gerade meinem Jagdfreund, einem weit über Deutschlands Grenzen hinaus bekannten Medizinprofessor zu, als am Nachbartisch Tumult entstand. Einem älteren Jagdgast war übel geworden. Mit schmerverzerrtem Gesicht war er in seinem Sessel zusammengesunken. Sofort sprang mein Freund auf, um zu helfen. Ein anderer Jäger, ebenfalls Arzt, stand bereits neben dem halb Bewusstlosen, hatte ihm den Schlipsknoten und die oberen Hemdknöpfe geöffnet und murmelte „Kreislaufkollaps" vor sich hin.

„Herr Kollege", entgegnete mein Freund, „ich kenne Dr. S., er ist seit vielen Jahren auf dieser Jagd. Ich versichere Ihnen, er ist hochgradiger Diabetiker. Dies ist ein klarer Fall von Unterzuckerung, flößen Sie ihm etwas Traubenzucker ein."

„Nie im Leben", begehrte der andere Arzt auf.

„Nie im Leben?", wiederholte mein Professor ärgerlich. Nicht gewöhnt, dass man eine Diagnose von ihm anzweifelt, fuhr er nach kurzer Pause fort: „Na gut – wir werden es ja bei der Autopsie erfahren!"

Sommers Frust und Winters Lust

Meine Tochter Trixi begleitete mich schon als kleines Mädchen gern auf den Ansitz. Irgendwann im August wollte auch mein älterer Sohn Moritz wieder einmal mit rausgehen. Zu dritt stapften wir ins Moor und bezogen eine Kanzel an einer großen Schilffläche.

Ich hatte nicht bedacht, dass es zu dieser Jahreszeit und in dieser Ecke des Reviers besonders viele Mücken gibt. Erst als meine kleine Tochter immer unruhiger wurde und trotz strenger Blicke und geflüsterter Ermahnungen kaum noch stillsitzen konnte, wurde mir klar, dass ich den Ansitzort nicht sehr überlegt ausgewählt hatte.

Es nahte die Zeit, in der ich jeden Moment mit dem Austreten von Wild rechnete. Meinem Töchterchen fiel das Stillsitzen immer schwerer, und ich merkte, dass ihr älterer Bruder ebenfalls Mühe hatte, sich ruhig zu verhalten.

Da hörte ich Trixi leise fragen: „Du, Moritz, weißt du, wo die Mücken im Winter bleiben?"

Der schlug ärgerlich wieder einen der Plagegeister auf seiner Stirn tot und brummte verdrossen: „Keine Ahnung, ich wünschte jedenfalls, da wären sie auch im Sommer!"

So schnell vergeht der Ruhm

Diese Geschichte passierte vor Jahren, aber dafür tatsächlich.

„Wenn der König spricht, hat das gemeine Volk zu schweigen", begann unser Tierarzt Dr. von B. aus der nahen Kreisstadt mit donnernder Stimme seine humorvolle Rede, nachdem er zum Jagdkönig gekürt worden war, und sorgte damit für Ruhe im Saal. Es folgten ein Rückblick auf den nicht sehr erfolgreichen Jagdtag und die nicht zu knappen Saalrunden. Anschließend ließ es sich der Geehrte gern gefallen, wegen seiner launigen Worte von den Jagdfreunden scherzhaft mit „Majestät" angeredet zu werden, zumal es das erste Mal war, dass ihm in dieser Runde so eine Würde übertragen worden war.

Am Ende des Schüsseltreibens wusste „Majestät" zwar nicht, wie viel sie getrunken hatte, aber wie viel es war, merkte man ihrem Gang an. Arm in Arm wankte der Tierarzt mit seinem Jagdfreund Rüdiger zum Parkplatz, wo die Söhne der beiden bereits ungeduldig in ihren Autos darauf warteten, ihre beschwipsten Väter nach Hause zu kutschieren.

„Majestät muss noch mal ...", mit diesen Worten verschwanden die Herren hinter dem nächsten Busch, was nicht gerade zur guten Laune der Wartenden beitrug. Als „Majestät" endlich erschien, riss sie die Autotür so schwungvoll auf, dass diese an den daneben geparkten Wagen stieß.

„Idiot", brummte darauf aus dem Gefährt eine dunkle Männerstimme, leise, aber doch so laut, dass „Majestät" sie verstand.

Unser Doktor hielt ernüchtert inne, drehte sich erstaunt um und stellte schlicht und sachlich fest: „Entthront!"

Der pedantische Schürzenjäger

Mein Freund Mathias ist ein erfahrener Jäger, hat sich bei der Ausbildung von Jungjägern große Verdienste erworben und weiß alle Fragen aus der jagdlichen Praxis so totsicher und richtig zu beantworten wie sonst niemand in unserem gesamten Hegering. Ja, die Bezeichnung „lebendes Jagdlexikon" trifft, wenn überhaupt auf einen Menschen, dann auf meinen Freund Mathias zu. Außerdem ist er sehr pünktlich, penibel und arbeitet akribisch genau. Diese Eigenschaften werden wahrscheinlich durch seinen Beruf als Apotheker noch verstärkt.

Mathias ist außerdem der Schwarm der gesamten Weiblichkeit der Umgebung. Er nimmt es mit der ehelichen Treue nicht sehr genau, und fast ebenso gern wie das Jagen pflegt er in der einsamen Jagdhütte auch seine andere Leidenschaft, von der seine Frau Maria lange nichts ahnte.

Wir alle kennen seine Schwäche, doch Maria glaubte so lange an die Treue ihres Ehemannes, bis eine ihrer Freundinnen sie über die Eskapaden ihres geliebten Mathias aufklärte.

Als der dann wieder einmal behauptet, sich mit Freunden zur Jagd zu treffen, eilt sie zur Jagdhütte. Dort findet sie den Schwerenöter und in seinen Armen die Frau des Amtsrichters.

Außer sich vor Enttäuschung stellt sie ihn zur Rede. „Du Betrüger", schluchzt sie erregt und rollt mit den Augen.

Mit schlechtem Gewissen schaut der Beschuldigte zu Boden und für einige Augenblicke herrscht betretenes Schweigen in der Hütte.

Dann schreit Maria erregt und außer sich vor Wut noch: „Ich weiß alles!"

Das aber geht dem Mathias, dem supergenauen und pedantischen Apotheker, zu weit: „Gib nicht so an", antwortet er, ohne die Fassung zu verlieren, und stellt ganz sachlich die Frage: „Wie lautet denn bitte schön die Zahnformel des Großen Wiesels?"

Schlagfertig

Dieter, der Leiter unseres Hochwildringes, hatte viele Jahre lang sein verantwortungsvolles Amt geführt, und es wurde Zeit, sich nach einem würdigen Nachfolger für ihn umzusehen. Schließlich fanden wir ihn in Dr. W. Der war Junggeselle, temperamentvoll, intelligent, einer dieser jungen erfolgreichen Managertypen, die nicht nur durch Worte, sondern ebenso durch Taten auffallen. In vielem war er fast das Gegenteil seines besonnenen, gutmütigen, immer auf Ausgleich zwischen streitenden Parteien bedachten Vorgängers.

Ohne Gegenstimme auf der letzten Jahreshauptversammlung zum Vorsitzenden gewählt, nahm Dr. W. erwartungsgemäß die Wahl an.

Selbstsicher schritt er unter dem lauten Beifall der versammelten Jäger zum Podium, bedankte sich für das in ihn gesetzte Vertrauen und hielt seine erste mitreißende Rede als Vorsitzender: „Meine sehr verehrten Jägerinnen und Jäger", begann er, lobte dann ausgiebig die Arbeit des alten Vorstandes und bat, ihm und seiner neuen Mannschaft das gleiche Vertrauen entgegenzubringen. „Wir haben in der Zukunft viele und schwierige Aufgaben zu bewältigen. Ich rechne mit Ihrer vollen Unterstützung, und wenn Not am Mann ist, meine Damen und Herren, dann muss auch mal die Familie zurückstehen", redete er sich warm, „die Jagd ist schließlich unser gemeinsames Hobby, für das es auch mal Opfer zu bringen gilt".

Eine ältere Dame unterbrach den Redefluss des Junggesellen erregt: „Wenn Sie mein Mann wären, würde ich Ihnen Gift geben."

Im Saal herrschte betretenes Schweigen. Niemand wusste, ob diese Drohung ernst oder witzig gemeint war.

„Gnädige Frau", begegnete unser neuer Vorsitzender dem Affront mit betonter Höflichkeit, „wenn Sie meine Frau wären, würde ich es mit dem größten Vergnügen nehmen."

Immer rein ins Fettnäpfchen

Ein reicher Schotte hatte sich in Amerika eine große Jagdfarm gekauft und unternahm mit seinem älteren Berufsjäger, einem Landsmann von ihm, eine Inspektionsfahrt über den Besitz. Der Angestellte zeigte ein trauriges Gesicht und machte auch sonst einen ziemlich deprimierten Eindruck.

Der neue Eigentümer klopfte ihm aufmunternd auf die Schulter: „Nur nicht verzweifeln, ich habe als kleiner Berufsjäger in Schottland angefangen, und jetzt, jetzt besitze ich mehr als 20 000 Hektar – das ist Amerika!"

Darauf wurde die Miene des anderen noch düsterer. Mit trauriger Stimme erwiderte er: „Sehen Sie, ich habe mit 20 000 Hektar in Schottland angefangen, jetzt bin ich kleiner Berufsjäger – das ist auch Amerika!"

Erfolg stinkt nicht

Durch das elterliche Revier in der Lüneburger Heide fließt der kleine fischreiche Fluss Örtze, in dem meine Brüder und ich in unserer Jugend gerne angelten. Dabei stellten wir fest, dass sich die Fische, vor allem Aale, bevorzugt dort aufhielten, wo Vieh auf die Uferweiden getrieben war. Nach langem Rätseln über dieses Phänomen kamen wir schließlich zu dem Schluss, dass die vielen Mücken, Fliegen und andere Insekten, die sich stets in Gesellschaft von Kühen aufhalten, die Fische offenbar anzogen.

Mein Bruder Klaus entwickelte daraufhin einen Plan, um auch in den Jahreszeiten, in denen das Vieh nicht auf den Weiden stand, Petri Heil zu haben.

Wir spannten ein stabiles Seil von einem Ufer zum anderen, banden daran einen Drahtkorb, sodass er flach über dem Wasser hing und füllten ihn mit dem Aufbruch eines Rehbockes. Schon nach wenigen Tagen breitete sich ein bestialischer Gestank in der ganzen Umgebung aus und zog allerlei Schmeißfliegen an, die ihre Eier in dem Aas ablegten. Nach einer Woche bestand der Inhalt des Korbes fast nur noch aus einer Masse durcheinanderkrabbelnder Würmer und Maden, und ständig tropften einige ins Wasser.

Offenbar hatte sich die neue Nahrungsquelle bei den Fischen herumgesprochen. Unsere Fangergebnisse wurden in der Nähe des „Köderkorbes" von Tag zu Tag besser, und wir zogen mit unseren primitiven Angeln dort so manchen kapitalen Aal aus dem Wasser. Eines Tages kam Tante Irmi zu Besuch. Meine Mutter verwöhnte sie mit einem von uns frisch gefangenen und geräucherten Aal. Sie aß ihn mit großem Genuss, und das Lob über ihre tüchtigen Neffen machte uns mächtig stolz.

Am nächsten Tag unternahmen wir einen gemeinsamen Spaziergang, schlenderten über die verwaisten Viehweiden an der Örtze entlang und kamen auch an dem entsetzlich stinkenden Korb vorbei. Entsetzt hielt sich die Tante die Nase zu, der Gestank war für sie unerträglich. Wir hatten damit weniger Probleme und erklärten der alten Dame stolz und ausführlich den Zweck unserer Erfindung. Tante Irmi begann zu schlucken und zu würgen und stürzte plötzlich, die Hand vor den Mund haltend, mit einem Aufschrei davon.

Bei späteren Besuchen verschmähte die Tante zu unserem Unverständnis stets die zuvor so geliebte Aalmahlzeit.

Nicht verzagen

Zu vorgerückter Stunde sitzen meine Jagdkumpane Hinrich, Manfred, Ortwin und Christian in der Kneipe, die Gläser waren schon wieder beachtlich schnell geleert, und die nächste Runde kommt in Sichtweite. Die Männer beschließen zu wetten, und wer die Wette verliert, soll bezahlen.

Manfred, immer erfindungsreich, besonders wenn es ans eigene Portemonnaie gehen könnte, legt einen Zettel auf den Tisch, darauf steht eine schier endlose Buchstabenreihe. Er fragt: „Wer von euch weiß, was das heißt?"

Nicht verzagen

Jägersprache, schwere Sprache

Hinrich besieht sich das Geschriebene, lässt die Finger immer wieder über die Schrift gleiten und gibt schließlich auf. Leicht verworren – und das ist in seinem etwas eingetrübten Zustand durchaus verständlich – räsoniert er: „Das kann nicht mal eine Sau lesen!" Die anderen stimmen zu.

„Ich kann es nicht nur vorwärts, sondern auch fließend rückwärts", entgegnet Manfred.

„Kannst du nicht!"

„Kann ich doch!"

„Topp, die Wette gilt!"

Manfreds Finger wandern langsam vom Ende der Zeile nach vorn: EINNEGERMITGAZELLEZAGTIMREGENNIE

(Ein Neger mit Gazelle zagt im Regen nie)

Anschließend lässt er sich das gewonnene Bier besonders gut schmecken.

Jägersprache, schwere Sprache

Mein Bruder führt regelmäßig Schüler der Volksschule des Nachbardorfes Eversen mit deren Biologielehrern durch den Wald, um ihnen die Natur näherzubringen. Es sind stets lehrreiche, aber auch fröhliche Wanderungen, bei denen die Kinder viel über Tiere und Pflanzen lernen.

„Da haben Sauen gebrochen", erklärte mein Bruder den kleinen Waldläufern einmal auf einem dieser Waldspaziergänge, als die Klasse an einer Stelle stand, wo Schwarzwild das Grünland fast vollständig umgewühlt hatte.

Als die kleine Gruppe weiterzog, hörte er, wie einer der Pimpfe meinte: „Denen wird das Fressen nicht bekommen sein."

Was ist schon Zeit …

Ein Mann aus Deutschland ging mit einem Indianer in den kanadischen Rocky Mountains auf Bärenjagd. Der „Indian Summer" mit seinen leuchtenden Farben hatte dem Land seinen Stempel aufgedrückt, es war eine Freude, durch die wie verzaubert wirkenden Berge und Täler zu pirschen.

Zwei Tage zogen die beiden Männer, fasziniert von der herben Schönheit der Natur, durch die Wildnis und genossen das freie Jägerleben aus ganzem Herzen.

Am Morgen des dritten Jagdtages entdeckte der Indianer ungefähr 800 Meter von dem Fluss entfernt, an dem sie ihr Lager für die Nacht aufgeschlagen hatten, einen Schwarzbären am Gegenhang. Wegen des Windes bestand die einzige Chance, den Petz erfolgreich anzugehen, darin, ihn durch schwieriges Gelände in einem großen Bogen von der anderen Seite des Berges aus anzupirschen.

„Lass uns die Pferde nehmen, damit gewinnen wir mindestens zwei Stunden", flüsterte der Jagdgast.

„Okay", murmelte der Indianer ruhig, „aber wenn du diese zwei Stunden gewonnen hast, was willst du dann mit ihnen anfangen?"

Zahlen bis zum Lächeln

Mein Jagdkumpel Klaus, ein liebenswerter, gutmütiger und freigebiger Mensch, kann sehr ungemütlich werden, wenn er das Gefühl hat, seine Großzügigkeit werde ausgenutzt. Von einer Jagdreise aus der Türkei zurückgekehrt, beklagte er sich bei den Jagdfreunden, die Muselmanen hätten ihn ausgenommen wie die sprichwörtliche

Weihnachtsgans. Mit der Landeswährung nicht vertraut und der Sprache nicht mächtig, sei bei ihm nach jeder Mahlzeit viel zu viel Geld abkassiert worden.

Trotzdem fuhr er im folgenden Jahr wieder zum Jagen an den Bosporus. Die starken Keiler waren zu verlockend. Diesmal aber hatte er sich gegen die zweifelhafte Geschäftstüchtigkeit der Einheimischen gewappnet: mit einem dicken Portemonnaie voller kleiner Münzen. Wenn er bezahlen musste, nahm er es zur Hand, blickte dem Kellner aufmerksam ins Gesicht, legte ein Geldstück in dessen offene Hand, darauf ein zweites, dann ein drittes, ein viertes und so weiter, bis der Mann lächelte.

Dann wusste mein Freund, dass er eine Münze – die letzte – zu viel gezahlt hatte. Schnell nahm er sie wieder zurück, und die Sache ging in Ordnung.

Das kann doch einen Ami nicht erschüttern

Ein österreichischer Jagdführer hatte einen amerikanischen Jäger auf eine Gams zu führen und machte ihn bei der Pirsch enthusiastisch auf die Ruhe im Revier, einen kreisenden Adler, spielende Murmeltiere, die wunderschöne Natur in der bunten Herbstfärbung und vieles mehr aufmerksam. Doch der Amerikaner zuckte nur gelangweilt mit den Schultern und konnte die Begeisterung des Einheimischen nicht teilen.

Als sie den höchsten Punkt des Reviers erreicht hatten, spiegelten sich in einem großen See vor ihnen die schneebedeckten Berge. Der Himmel war blau, die Luft klar, die Sonne schien, und man konnte viele Kilometer weit das atemberaubende Panorama der Alpen genießen.

„Ist dies nicht die schönste Aussicht, die Sie jemals gesehen haben?", spielte der Österreicher erwartungsvoll seinen letzten Trumpf aus.

„Na, ich weiß nicht", reagierte der Gast aus dem Land der unbeschränkten Möglichkeiten unbeeindruckt, „nehmen Sie den See und die Berge weg – und was ist dann noch dran?"

Zauberformel für die Fasanenjagd

Auf einer der ersten großen Fasanenjagden, zu denen ich als Junge in England eingeladen war, saß John, alt gedienter Gamekeeper, neben mir und beobachtete meine Schießkünste. Ich war von zu Hause gewöhnt, schnelle Kaninchen vor dem Frettchen zu treffen, aber mit „high birds" hatte ich große Schwierigkeiten. Fasanen gab es in den Revieren der Lüneburger Heide noch nicht.

Nachdem ich wohl zwanzig Mal auf hoch über unsere Köpfe streichende Vögel gefehlt hatte, erhob sich John gemächlich von seinem Jagdstock und schmunzelte: „Boring, isn't it?" (Ziemlich langweilig – nicht wahr?).

Er nahm meine Flinte, schoss wie selbstverständlich die nächsten beiden sehr hoch streichenden Fasanen und murmelte dabei mehr im Selbstgespräch als zu mir: „tail – body – head – bang" (Schwanz – Körper – Kopf – Bumm). Dann gab er mir meine Waffe zurück und bedeutete mir, es ihm nachzumachen. Die beiden nächsten Vögel ließen sich von meinen vier Schüssen aber nicht beeindrucken, sondern strichen unversehrt weiter.

„Du musst den Fasan anschauen, ‚Schwanz – Körper – Kopf – Bumm' sagen und dann schießen", belehrte mich John. Ich gehorchte. Der nächste Fasan strich heran, der Schaft meiner Flinte glitt vor die Schulter, die Mündung zeigte auf den Stoß des Fasans, schwang vor, überholte den Vogel und als ich abdrückte, fiel er wie ein Stein vom Himmel, der übernächste ebenfalls. Am Ende des Jagdtages hatte ich trotz vieler Fehlschüsse 48 Fasanen erlegt, darunter 14 Dubletten und habe dabei über hundert Mal laut „tail – body – head – bang" vor mich hingemurmelt.

Wenn ich heute auf einer Niederwildjagd mit meiner Flinte fehle, denke ich an den alten John und seine Zauberformel für die Fasanenjagd: „tail – body – head – bang." Sie hilft tatsächlich.

Treffend bemerkt

Mein Großonkel G. von H. war Diplomat und verbrachte viele Jahre als Botschafter im Ausland. Nach der Pensionierung zog er sich auf sein Gut in der Lüneburger Heide zurück, widmete sich der Land- und Forstwirtschaft und züchtete Rosen. Mit zunehmendem Alter entdeckte er seine Jagdpassion und liebte es besonders, im Herbst zusammen mit seinem Revierjäger Rebhühner zu jagen. Die Strecken waren recht dürftig, obwohl es damals noch starke Feldhuhnbesätze gab.

Das war auch ein Grund, weshalb der Bruder des alten Herrn, Leiter einer großen privaten Forstverwaltung in Westfalen, gern nach Hause kam. Hochwild konnte er in den von ihm betreuten Revieren genügend schießen, aber Rebhühner gab es dort nicht, und die schätzte er ganz besonders, war er doch nicht nur ein sicherer Schütze, sondern auch ein ausgesprochener Gourmet.

Nachdem die beiden Brüder mit ihren Hunden über die Felder gestreift waren und Onkel G. furchtbar gepudelt hatte, war der lapidare Kommentar des Forstmeisters: „Kein Wunder, mein Bruder traf in seinem Leben viele Minister, Präsidenten und gekrönte Häupter – aber nur selten ein Huhn."

Kein Jägerlatein: Das Jägereinmaleins

Eine mir unvergesslich gebliebene Jägerpersönlichkeit war Lord Brookborough aus Fermanagh in Nordirland, für mich die Personifizierung des klassischen Understatements. Auf seinem Besitz Coolebrooke House jagten wir gemeinsam Bekassinen. In „lässiger" Weise „wischte" er die höchsten und schnellsten Vögel aus dem Himmel und schien nie zu fehlen. Ich bewunderte die Schießkünste des alten Herren jedes Mal aufs Neue, wenn wir zusammen jagten.

Nach einem Vormittag auf getriebene Bekassinen – die Vögel kommen hierbei unvergleichlich schneller als auf der Suchjagd – hatten wir zwar viel geschossen, aber das Ergebnis war eher dürftig. Da stieß der alte Lord zu uns und wurde erwartungsvoll gefragt, wie viele Vögel er denn zur Strecke gebracht habe.

Er zählte nach eigenem Jägereinmaleins und schaute nicht auf den Hühnergalgen an seiner Jagdtasche, sondern auf seinen Patronengurt. „Twenty five minus eight, so I got seventeen", antwortete er bescheiden. (Fünfundzwanzig minus acht, also siebzehn). Er hatte nicht die erlegten Vögel, sondern die in seinem Gürtel fehlenden, also verschossenen Patronen gezählt. Dass er gefehlt haben könnte, zog er überhaupt nicht in Betracht!

Den alten Herrn konnten nur seine Springerspaniels aus der Ruhe bringen. Als sie einmal nicht so wollten wie ihr Führer, rief der sich gewöhnlich leise und gewählt ausdrückende irische Gentleman lauter als von ihm erwartet: „Luisa, Pitt, I'm not prepared to discuss with you any longer right now, please come on!" (Ich habe keine Lust, weiter mit euch zu diskutieren, kommt bitte!), und – die beiden Hunde kamen!

Über diese Hunde wusste der Lord zu erzählen: „Als der Jüngere der beiden Hunde ins Haus kam, war er noch nicht stubenrein, hinterließ überall seine Pfützen und ich beseitigte sie mit einem Handtuch. Dabei tadelte ich den jungen Hund. Als einmal im Badezimmer ein Malheur passierte, zog der Welpe blitzschnell ein Handtuch vom Halter und legte es mir schwanzwedelnd zu Füßen."

Probieren geht über studieren

Von meinem Urgroßvater George, genannt Schorse, wird folgende Anekdote erzählt. Nach einer Hofjagd im Saupark Springe erschienen auch der König und die Königin von Hannover, um die Strecke abzunehmen. Nacheinander wurden die erfolgreichen Schützen vom obersten Landesherrn vor die Strecke gebeten, um ihnen die Brüche zu überreichen.

Als mein Urgroßvater, selbstbewusster Rittergutsbesitzer, Oberlandschaftsdirektor und ein mit viel Humor ausgestatteter Mann, an der Reihe war und seinen Bruch aus der Hand des Königs in Empfang nahm, beglückwünschte ihn auch die Königin zu seinem Jagderfolg. Zum Erstaunen oder Missfallen des Königs griff mein Urahn an das Revers der Landesherrin und prüfte die Qualität des Stoffes.

„Harling, was macht er denn da, das geht wirklich zu weit", polterte sein oberster Dienstherr unwirsch los.

Darauf mein Urgroßvater: „Verzeihung Majestät, wenn ich nach Hause komme, wollen die Frauen doch immer wissen, was Ihre Majestät angehabt haben."

Meyer hat kein blaues Blut

Mein schon lange in anderen Revieren jagender Großonkel Otto war sehr stolz auf seine aristokratische Herkunft und bewegte sich gern in Adelskreisen. Meine humorvolle Großmutter pflegte über ihren Vetter zu sagen: „Otto plätschert gern in blauem Blut."

Eines Abends saßen Onkel Otto und sein Vetter George nach der Jagd auf der Veranda. Es entbrannte zwischen den beiden alten Herren eine lebhafte Diskussion über die Schreibweise des Wortes Waidwerk. Onkel Otto bestand darauf, dass es mit „ei" geschrieben würde, Onkel George behauptete, „ai" wäre korrekt.

Schließlich erhitzten sich die Gemüter. Onkel George holte genervt aus der Bibliothek das Konversationslexikon, Band „Waage bis

Zypern", schlug nach und verwies dann triumphierend auf Waidwerk mit „ai".

Lässig nahm Onkel Otto den Band in die Hand, überlas den
Buchrücken und stellte verächtlich fest: „Meyer, und dazu noch eine ältere Auflage."

Der Entengreifer

Auf dem kleinen Heideflüsschen „Örtze", das, wie bereits an andere Stelle erwähnt, durch den Besitz meines Bruders fließt, liegen im
Herbst, vor allem aber, wenn im Winter viele stehende Gewässer der
Umgebung zugefroren sind, oft Stockenten. An einem sonnigen,
eiskalten Dezembernachmittag wollten mein Bruder und ich wieder
einmal mit unseren Hunden den Breitschnäbeln nachstellen. Die
Hunde bei Fuß näherten wir uns einer Flussbiegung, wo wir oft Erfolg hatten und vermuteten, dass unter den tief hängenden Wei-
denzweigen auch diesmal Enten auf dem Wasser liegen würden.

Hundert Meter vorher legten wir die Hunde ab und schlichen tief
geduckt auf das Wasser zu. Als wir noch zirka zwanzig Meter vom
Ufer entfernt waren, stieg laut paakend ein Schoof auf, vier Schüsse fielen, zwei tote Enten trieben auf dem Wasser langsam flussabwärts an das Ufer und ein Erpel trudelte zwischen das Schilf am gegenüberliegenden Flussrand.

Flink hatten wir die beiden auf unserer Flussseite angetriebenen
Enten eingesammelt und waren froh, die Hunde nicht in das eisige
Wasser schicken zu müssen. Dann ging mein Bruder einige Hundert Meter flussaufwärts zu einer Brücke, um auch den Erpel zu holen. Ich wartete derweil mit den Hunden, weil wir anschließend wei-

ter flussabwärts diesseits der Örtze nach mehr Enten Ausschau halten wollten.

Während ich meinen Bruder über die Viehweiden zu der Stelle gehen sah, an welcher der Erpel niedergegangen war, kam ihm ein befreundeter Bauer, der nach seinem Viehunterstand schaute, entgegen. Als die beiden sich näher kamen, hörte ich meinen Bruder rufen: „Ick will doch moal kieken, ob ick nich'n Ant kreegen dei, de sün an düsse Stell besonners gean." (Mal schauen, ob ich nicht eine Ente bekomme, an dieser Stelle sind sie besonders gern.) Dann sah ich, wie er schnurstracks zum Ufer ging, sich bückte und den noch müde mit den Schwingen schlagenden Erpel aus dem Wasser holte. Er tat ihn ab, ging zu dem mit offenem Mund dastehenden Bauern und verabschiedete sich von ihm.

Später wurden die unglaublichsten Jagdgeschichten über meinen Bruder erzählt: „Der fängt nicht nur Wildenten, sondern auch Wildschweine mit der Hand ..." etc. etc.

Piff – paff ... Puff!

Ich lebte mit meiner Familie über drei Jahre in Venezuela. Weil das Jagen und jeglicher Waffenbesitz dort verboten sind, musste ich – stets mit einem Bein im Gefängnis – meiner Jagdleidenschaft illegal nachgehen. Dadurch gewann ich im Inneren des Landes viele dankbare Freunde, die mir sehr wohlgesonnen waren, weil ich sie mit Wildbret versorgte und sie mich im Gegenzug in kritischen Situationen „versteckten".

Irgendwann erteilte die venezolanische Regierung Jagdlizenzen für die Entenjagd, da die Vögel unermessliche Schäden in den riesigen Reisfeldern verursachten. Ich war einer der Ersten (Permiso No. 97), der mit seiner Flinte in die grandiosen Weiten der Llanos zog und übernachtete bei meinen alten Amigos in deren primitiven Unterkünften ohne fließend Wasser und Strom oder draußen im Busch in meiner Hängematte unter dem Moskitonetz.

Begeistert erzählte ich meiner Frau nach meiner Rückkehr in Caracas von der beeindruckenden Landschaft, den gastfreundlichen Leuten und dem reichen Wildvorkommen.

Wir hatten gerade Besuch von einer Freundin aus Deutschland, und spontan beschlossen die beiden, mich auf dem nächsten Jagdzug zu begleiten. Ich willigte ein, und wir fuhren am Wochenende vierhundert Kilometer ins Inland Richtung Süden zu den großen Reisfeldern nahe der Kleinstadt Calabozo. Dort hatte ich bereits mehrmals gejagt. Meine primitiven Nachtquartiere wollte ich den beiden Damen wegen der Moskitoplage, der Hygiene und vielen anderen „Mängeln" aber nicht zumuten und fuhr deshalb zu einem Hotel am Rande des Ortes.

Während meine Mitfahrerinnen auf dem Parkplatz vor dem Auto warteten, ging ich zum Empfangsraum. In Erwartung zweier spannender Jagdtage achtete ich nicht auf die rot blinkenden Lichter und die bunten Plakate mit wohlproportionierten, leicht bekleideten Damen.

„Ein Doppelzimmer", bestellte ich bei dem verschlafenen Mann hinter der Theke. Der blätterte müde in einem schmutzigen Heft, schaute kurz zu meinen Begleiterinnen und fragte, ohne noch einmal aufzusehen, für wie lange ich den Raum mieten wolle. „Nur für eine Nacht", war meine Antwort.

Schlagartig erwachte der Mann aus seiner Lethargie, blickte erstaunt auf, starrte durch das Fenster auf die beiden Frauen, schaute entsetzt an mir rauf und runter und fragte dann ungläubig nach: „Una toda noche?" (Für eine ganze Nacht?). Als ich arglos bestätigte: „Si, senor, por una noche", pfiff er durch seine braunen Zähne, nickte anerkennend und glotzte mit Bewunderung wieder zu den Frauen.

Wir buchten das Zimmer. Es war der Puff von Calabozo!

Recht hat er

Dass auf der Jagd nicht immer nur die Wahrheit gesagt wird, ist kein Geheimnis, das wusste schon Otto von Bismarck.

Beim Erfinden von Notlügen, um zur Jagd gehen zu können, kennt die Fantasie mancher Jäger keine Grenzen. Sie wird nur noch übertroffen, wenn es um Ehescheidungen geht, erzählte mir ein renommierter Scheidungsanwalt: „Wenn die Ehepartner, die sich trennen wollen, für das Zusammenleben genauso viel Fantasie verwendeten wie für das Auseinandergehen, gäbe es sehr viel weniger Scheidungen."

Die klare Auskunft

Hinnerk ist ein echter „Heidjer", einer, der wie viele Tausend Andere von der kargen Landschaft der Lüneburger Heide in besonderer Weise geprägt worden sind. Und doch verbirgt sich hinter seiner bescheidenen Haltung etwas Besonderes – nicht augenfällig, aber doch fest in seinem Wesen verankert.

Hinnerk fühlt sich mit den Menschen eins, für ihn gibt es keine Unterschiede zwischen hoch und niedrig, arm und reich, alt und jung. Man erfährt es, wenn man mit ihm ins Gespräch kommt. Er duzt jeden: nicht provozierend, nicht arrogant, nicht sich plump anbiedernd, eher sich vertrauensvoll zuwendend. Es ist seine Art, mit Mitmenschen so zu kommunizieren und passt zu seinem Wesen wie der Reiter zum Pferd, der Deckel zum Topf oder der Fisch zum Wasser. Würde es sich anders verhalten, wäre er nicht Hinnerk und eben auch kein Original.

Niemand – bis auf einen – nimmt Anstoß daran, im Gegenteil, man sucht das Gespräch mit ihm, weil es stets herzlich, erfrischend wohltuend, persönlich und „geradeheraus" verläuft.

Eines Vormittags mäht Hinnerk im Straßengraben nahe einer Kreuzung mit der Sense für seine Ziege Gras, als eine Limousine heranbraust und mit quietschenden Reifen neben Hinnerk anhält. Das Fenster des Wagens wird heruntergekurbelt, und ein freundlicher Herr fragt jovial: „Verzeihen Sie, mein Gutester, wo führt denn der Weg nach Fahrendorf?"

Hinnerk blickt nur kurz auf und weist mit der einen Hand in die entsprechende Richtung: „Wenn do no Fahrendorf wutt, denn mutt do no rechts fuihen!" (Wenn du nach Fahrendorf willst, musst du nach rechts fahren.)

„Aber mein Verehrtester!", entgegnet der Angesprochene empört, „wissen Sie eigentlich, mit wem Sie sprechen? Ich bin der Landrat! Ich ..."

Hinnerk fällt ihm ins Wort: „Un wenn do de kieser wären deist: Wenn do no Fahrendorf wutt, denn mutt do jümmer no rechts fuihen." (Und wenn du der Kaiser wärest: Wenn du nach Fahrendorf willst, musst du immer nach rechts fahren!")

Gastfreundschaft

Philipp-Heinrich, zukünftiger Erbe eines stattlichen Hofes in meiner Nachbarschaft in der Lüneburger Heide, ist begeisterter Jäger und Reiter und vor allem auch erfolgreicher Imker. Zur Zeit der Rapsblüte bringt er seit vielen Jahren mehrere seiner Bienenvölker zu einem mit seinem Vater befreundeten Landwirt nach Schleswig-Holstein.

Dort übernachtete er unlängst in einer kleinen Pension, um nach seinen „Lieblingen" zu schauen. Zum Frühstück servierte ihm die Dame des Hauses einen dünnen Kaffee, ein paar Scheiben Toast und einen kleinen Klecks Honig.

„Donnerwetter", freute sich mein Freund Philipp-Heinrich, „eine Biene halten Sie auch?"

Die Wunder des Herrn

Mein Patensohn Hans-Jürgen sollte im Religionsunterricht die wunderbaren Heilungen des Herrn aufzählen. Nachdenklich begann er: „Die Aussätzigen machte er rein", grübelte kurz, fuhr fort, „die Lahmen wieder gehend", und nach längerem Zögern fiel ihm noch ein, „die Blinden machte er sehend." Dann stockte Hans-Jürgen. „Und die Tauben?", fragte der Lehrer. „Tat er nicht auch etwas mit den Tauben?"

„Ach ja", strahlte mein Patensohn nach kurzem Überlegen, „die ließ er fliegen."

Jagen macht taub

Onkel Julius, der Bruder meiner Großmutter, kam oft und gern, sogar, als er schon über achtzig Jahre alt war, auf das elterliche Anwesen, um seine Schwester zu besuchen. Er fuhr mit der Kleinbahn von unserer Kreisstadt Celle nach Eversen und nahm von dort ohne Murren die drei Kilometer Feldweg bis zu dem einsam gelegenen Gutshof unter die Läufe.

Als er eines Tages wieder einmal seiner Schwester einen Besuch abstatten wollte, saß ihm auf der Zugfahrt im Abteil ein Junge gegenüber, der ständig auf einem Kaugummi kaute und den alten Herrn, wahrscheinlich wegen seiner jagdlichen Bekleidung, anstarrte.

Nach fünf Minuten meinte Onkel Julius zu seinem Gegenüber: „Junger Mann, Sie brauchen nicht pausenlos auf mich einzureden, ich bin Jäger und durch das viele Schießen leider stocktaub. Ich verstehe kein Wort von dem, was Sie mir erzählen."

Ein grundehrlicher Lügenbold

„Also, der Herr Schwolert, dein Jagdnachbar, das ist ja ein charmanter und wirklich grundehrlicher Mensch", erzählt Renate ausgelassen auf der Rückfahrt vom alljährlichen Hegeringball, erntet aber von ihrem Mann Hans Dieter lediglich Stirnrunzeln für diese Äußerung.

„Er hat gesagt, dass ich eine ganz reizende Frau sei und sehr gut aussähe", fährt sie dennoch verträumt fort.

„Du brauchst dir darauf überhaupt nichts einzubilden", erwidert ihr Ehegespons, „der ist immer so. Neulich auf dem Schießstand hat er sogar meine Schießkünste gelobt."

Frechheit siegt

Landforstmeister von W. erzählte gern folgende Geschichte: Nach einer Forstbereisung mit Kollegen kehrte die Gesellschaft in einem Gasthaus ein, es war recht spät geworden, und es wurde das eine und andere Bier getrunken.

Auf der Heimfahrt wartete an der einsamen Landstraße ein Streifenwagen mit erleuchtetem Signalschild „Stopp"! Dreißig Meter vor der Polizeikontrolle hielt der leicht beschwipste von W. sein Auto an und ging entschlossenen Schrittes auf die erstaunten Beamten zu.

„Ich bin der zuständige Forstmeister, was machen Sie denn hier?", fragte er selbstsicheren Tones. „Ach so, Kontrolle, das ist sehr gut, denn diese Straße wird von den Einheimischen nicht umsonst Alkoholschleichweg genannt. Was meinen Sie, was hier nachts manchmal los ist." Dankte dann den verdutzten Polizisten freundlich für ihren Einsatz, ging zurück zu seinem Wagen und brauste ab nach Hause.

Auf Soldaten schießt man nicht

Auf einer Treibjagd nahe meines Heimatortes hatte ein Arzt aus Celle, der erst wenige Monate vorher seine Jägerprüfung abgelegt hatte und nun von den alten, erfahrenen Waidmännern mit Argusaugen beäugt wurde, während wir über die Felder zogen, den Stand neben mir. Ein paar Hasen und wenige Fasanen lagen bereits zur Strecke, unser Jungjäger war noch nicht zu Schuss gekommen.

Im vorletzten Treiben lief ein Gockel an der Treiberwehr entlang, der Doktor hob seine nagelneue Doppelflinte und ging in Anschlag.

Auf Soldaten schießt man nicht

Farbenlehre

Da schrie ein erboster Nachbarschütze laut: „Halt, nicht schießen, das ist ein Infanterist."

Die Treiber hatten mittlerweile angehalten, die anderen Schützen verharrten, da schallte es weit über den Acker: „Soll ich vielleicht warten, bis er stehenbleibt?"

Farbenlehre

Ortwin ist Journalist und großer Naturliebhaber. Wer könnte also kompetenter als das Familienoberhaupt Fragen aus dem Zeitungswesen oder dem Tier- beziehungsweise Pflanzenleben beantworten.

Stephan, sein Sohn, wandte sich daher an seinem Vater mit der Frage, was eine Zeitungsente ist und der erklärte es: „Wenn man zum Beispiel liest, dass eine Fuchsfähe zehn Welpen gewölft habe, dann sind sechs davon sicherlich Enten."

Ein anderes Mal fragte Stephan bei einem Waldspaziergang: „Was sind das für Beeren?"

„Das sind Blaubeeren, mein Junge", erklärte der Vater.

„Aber die sind doch rot", bohrte der Junior nach, worauf Ortwin in der ihm eigenen Art meinte: „Ist doch klar, sie sind ja auch noch grün."

Gut vorgekäut

Treff vom Eichenbusch, der Labrador meines Freundes Klaus – von ihm war schon in einem vorherigen Kapitel die Rede – hatte sich in einem unbeobachteten Moment über den gedeckten Frühstückstisch hergemacht. Die Hausfrau konnte gerade noch verhindern, dass der vierläufige Hausgenosse den gesamten Aufschnitt fraß, der bereits auf dem Fußboden verteilt lag.

Ärgerlich riss sie ihm eine große Mettwurst aus dem Fang, sammelte die Schinkenreste zusammen, legte alles fein säuberlich auf einen Teller und stellte den in die Küche. Anschließend machte sie sich im Garten zu schaffen.

Als sie ihren Mann im Hause rumoren hörte, eilte sie zu ihm, um von den Untaten Treffs zu berichten. „Der Köter hat den Aufschnitt vom Tisch geklaut, einen Teil davon gefressen und den Rest wieder ausgespuckt", beschwerte sie sich.

Klaus hatte bereits genüsslich den größten Teil der Mettwurst vertilgt und murmelte, mit vollem Munde kauend: „Das hättest du mir auch wirklich später sagen können!"

... und das letzte Wort heißt ... drei!

Dass im Baltikum recht skurrile Persönlichkeiten lebten, weiß ich aus meiner weitläufigen Verwandtschaft. Die Geschichte, die man sich über meinen Urgroßonkel erzählt, erscheint zwar übertrieben und mag sich vielleicht auch gar nicht zugetragen haben, trotzdem will ich sie zum Besten geben.

Auf ihrer Goldenen Hochzeit wurde meine Urgroßtante nach dem Rezept gefragt, wie sie es so lange mit ihrem Mann in der Einsamkeit ausgehalten hätte: tagein, tagaus nur Pferde, Jagd und Alkohol, selten eine Reise auf ein Nachbargut oder in die Stadt. Auf Theater, Opern und Konzerte hatte sie fast ihr ganzes Eheleben lang verzichten müssen, nachdem sie als junges Mädchen den schönen Künsten stets zugetan gewesen war.

„Das fing gleich nach unserer Hochzeit an", erklärte meine Tante mit verträumtem Blick: „Auf dem Gut angekommen, wollte mein Mann sofort mit mir zur Jagd, ergriff seine Flinte und pfiff nach einem seiner Hunde. Der kam aber nicht sofort, sondern jagte einem Huhn hinterher. Als er schließlich erschien, schaute mein Mann ihm in die Augen und murmelte: ‚eins'.

Anschließend zogen wir über die Heide, und der Hund hetzte einen Hasen. Als er danach hechelnd zu seinem Herrn zurückkehrte, blickte mein Mann ihn scharf an und sagte leise: ‚zwei'.

Nachdem wir ein paar Hühner geschossen hatten – es war heiß geworden – war der Hund müde und durstig und entfernte sich unerlaubt zum See, um zu schöpfen.

Als er wieder erschien, schaute mein Mann ihm abermals tief in die Augen, sagte entschlossen: ‚drei', zog seine Pistole und erschoss das arme Tier.

Natürlich habe ich ihm daraufhin Vorhaltungen gemacht, geschimpft und gesagt, dass sei ja wohl nicht notwendig gewesen.

Er schaute mich nur an und sagte dann ganz leise: ‚eins'."

Indizienbeweis

Maximilian, kurz Max genannt, der fünfjährige Sohn meines Neffen Carsten, begleitet seinen Vater mit Begeisterung zur Jagd, ist sehr an der Natur interessiert, kennt bereits viele Tiere und Pflanzen und ist schon erstaunlich gut über die Tätigkeiten seines jagdlich passionierten Vaters im Revier informiert.

Neulich stöberte er auf dem Dachboden herum und fand dabei allerlei Utensilien, die die Eltern aus früheren Tagen dort deponiert haben: Kinderbettchen, Wickelkommode und einen Laufstall, in den kleine Kinder gesetzt werden, damit sie nicht fortkrabbeln können.

Eilig sprang Max die Treppe hinunter und überraschte seinen Vater mit der Feststellung: „Papi, stell dir vor, Mami bekommt ein Baby!", und auf den erstaunten Blick seines Erzeugers fuhr er fort: „Sie hat schon eine Falle auf dem Boden aufgestellt."

Faulheit wurmt

Karl saß mit Wilhelm an der Örtze und angelte. Das Wetter war miserabel, seit fast einer Stunde hatte kein Fisch mehr angebissen.

Resigniert unterbrach schließlich mein Freund das Schweigen und meinte zu seinem Kollegen: „Gib mir mal einen anderen Wurm, ich glaube, dieser hier gibt sich überhaupt keine Mühe."

Ein Wunder der Natur

Kurz nach Aufgang der Bockjagd saßen wir nach dem Morgenansitz vor der Jagdhütte und genossen die ersten wärmenden Strahlen der Frühlingssonne.

Mein Sohn Moritz hatte einen Bock geschossen, es gab Bier, auf dem Hüttenherd brutzelten Leber, Herz und Nieren, so recht entspannte Stimmung wollte aber nicht aufkommen. Wir hatten nämlich einen Freund meines Sohnes, Nichtjäger (Kommentar meines Sprösslings als Entschuldigung: „Pappusch, kein Mensch ist perfekt"), zu Gast, der mit seinen Bemerkungen und Besserwissereien immer wieder unsere „Fachgespräche" unterbrach.

„Die köstliche Luft, das frische Grün der Bäume, der Gesang der vielen Vögel", begeisterte er sich und geriet ins Schwärmen: „Ist die Natur nicht großartig!" Mit verträumtem Blick deutete er auf einen Baum vor der Jagdhütte und dozierte: „Zum Beispiel dieser Baum dort. Vor kurzem war er noch kahl, trug dann pralle Knospen, jetzt steht er in voller Blüte und bald wird er voller Äpfel hängen. Ist das nicht ein Wunder!"

„Ja", unterbrach mein Sohn den Redefluss und nickte vielsagend: „Das wäre wirklich ein großes Wunder, denn es ist ein Kirschbaum."

Mensch ist nicht gleich Mensch

Meine Schwägerin hatte sich ihr Bügelbrett vor den Fernsehapparat gestellt und war eifrig mit den Hemden ihres Mannes beschäftigt. Da kam ihr achtjähriger fußballbegeisterter Enkelsohn herein, weil er angeblich nicht einschlafen konnte.

„Großmutter, warum schaust du keinen Fußball an?"

„Weil ich dazu keine Lust habe."

Die Antwort reichte dem Kleinen nicht. „Was magst du denn gerne sehen?"

„Geschichten über Menschen wie Jäger, Förster oder Bauern."

Der kleine Mann überlegte, runzelte die Stirn und sagte dann entrüstet: „Aber Großmutter, Fußballer sind doch auch Menschen."

Herz-Prophylaxe

Mein Schwiegersohn Christian, genannte Kiki, und ich waren zu einer Drückjagd im Deister eingeladen. Wir vereinbarten, dass ich ihn morgens um 6.30 Uhr abholen sollte, um dann in meinem Auto die knapp hundert Kilometer zum Treffpunkt gemeinsam zu fahren.

Rechtzeitig war ich zur Stelle, und traf ihn, der, zumindest wenn es zur Jagd geht, immer pünktlich ist, aufgelöst im Haus herumlaufend.

„Ich kann meinen Jagdschein nicht finden und habe keine Lust, als Treiber mitzugehen", schimpfte er. Im vergangenen Jahr musste nämlich auf dieser Jagd ein Gast, der seinen Jagdschein vergessen hatte, als Treiber fungieren.

„Hast du schon in deinen Jackentaschen nachgesehen?"

„Natürlich", kam ungehalten die Antwort.

„Im Handschuhfach des Autos?", überlegte ich laut, und Christian wetterte genervt: „Selbstverständlich."

„Wie sieht es mit dem Rucksack aus, den hattest du doch am letzten Wochenende bei der Jagd in Bostel mit." Mein Schwiegersohn schüttelte verzweifelt den Kopf.

„Warum suchst du dann nicht dort?"

„Weil ich, wenn der verdammte Jagdschein dort auch nicht ist, einen Herzanfall kriege!"

Der Traum des Lebens währte kurz

Mein zwischenzeitlich verstorbener Freund Kurt war nicht oft über die Grenzen unseres Landkreises hinausgekommen. Die Bewirtschaftung seines Hofes hielt ihn sein Leben lang in Trab und erlaubte weder teure Reisen noch längere Abwesenheiten, und wenn Kurt freie Zeit hatte, ging er zur Jagd. Für diese Passion tat er (fast) alles.

Einige meiner Mitjäger hielten ihn für naiv. Ich glaube nicht, dass er es war. Er war eine ehrliche Haut, hilfsbereit, sagte, was er dachte, und hätte nie die Lage eines anderen ausgenutzt, um sich dadurch einen Vorteil zu verschaffen. Ich weiß allerdings von einem Fall, bei dem er geflunkert hat.

Es ging um die Doppelbüchse von Wolf-Christian, kurz WC genannt. Mit der Waffe liebäugelte Kurt schon lange, WC war auch bereit, sie zu verkaufen, aber zu einem sündhaft teuren, jedoch nicht gerechtfertigten Preis von 6 000 Euro.

„Wie soll ich dass denn der Edith beibringen, die denkt doch, ich sei völlig übergeschnappt", lamentierte Kurt.

Edith, seine Frau, ebenfalls ein rechtes Goldstück, war wie ihr Mann recht sparsam, zumal der Betrieb seinen Besitzern sowieso keine großen Sprünge erlaubte.

„Du hast doch schwarzes Geld vom Weihnachtsbaumverkauf", schlug WC vor. „Der Edith sagst du, das Gewehr würde 3 000 Euro kosten, und die Differenz gibst du mir aus deiner schwarzen Kasse. Das ist sowieso besser, bevor das Finanzamt Wind von dieser Kasse bekommt."

Wenig später hatte WC 6 000 Euro und Kurt war stolzer Besitzer einer wunderschönen Doppelbüchse. Leider nur kurz, ein Jahr nach dem Erwerb starb Kurt an einer unheilbaren Krankheit.

Wenige Wochen nach der Beisetzung machte WC einen Kondolenzbesuch bei der Witwe. Wie zufällig kam das Gespräch auf die Doppelbüchse.

„Ich will dir im Angedenken an meinen lieben alten Freund Kurt ... bla, bla, bla ... helfen und biete dir für die Waffe ... bla, bla, bla ... 4 000 Euro." So wechselte die wertvolle Waffe erneut ihren Besitzer.

Frisch gefeilt ist schnell gealtert

Mit Dr. Peter Swales verbindet meine Familie eine langjährige Freundschaft. Peter lebt in Inverness-Shire, organisiert und führt Jagdreisen und zählt als promovierter Biologe zu den bekanntesten Jägern Englands.

Wieder war ich mit Freunden bei ihm in den schottischen Highlands zur Rehbockjagd eingeladen. Meine Gäste waren auch sehr erfolgreich und zufrieden, am Ende des letzten Jagdtages lagen mehrere gute Gehörne auf dem Tisch vor der Jagdhütte in der Sonne zum Bleichen.

Während des Frühstücks vor unserer Abreise schaute ich aus dem Fenster und beobachtete, dass Peter sie in einem Pappkarton verstaute und im nahen Schuppen verschwand.

Nachdem ich meine Spiegeleier verzehrt hatte und der Freund immer noch nicht aus dem Schuppen zurückgekehrt war, ging ich ebenfalls dorthin, um ihm zu sagen, er möge die Trophäen nicht einpacken, weil wir sie an der Grenze eventuell vorzeigen müssten.

Als ich die Scheune betrat, machte sich Peter gerade mit einer Feile an einem Unterkiefer zu schaffen. „German hunters rather like to shoot old roe bucks" (Deutsche Jäger bevorzugen es, möglichst alte Böcke zu schießen), klärte mich der alte Fuchs verschmitzt auf, ohne von seiner Arbeit aufzuschauen.

Hund mit Zeitgefühl

Mein verstorbener Jagdfreund Archie Coates hat wahrscheinlich mehr Tauben in seinem Leben geschossen als jeder andere Mensch. Nachdem er als Major der britischen Streitkräfte in den Ruhestand versetzt worden war, betätigte er sich als professioneller Taubenjäger. Jahresstrecken von über 20 000 Vögeln waren keine Seltenheit. Einmal schoss er in exakt drei Stunden 516 Tauben.

Archie und seine Hunde waren außergewöhnliche Persönlichkeiten und vollbrachten erstaunliche Leistungen. Ich erinnere mich an eine schwere schwarze Labradorhündin, die – wenn sie von Major Coates eingewiesen wurde – die Locktauben rund um den Schirm exakt an der Stelle ablegte, an der es dem Major günstig erschien.

Aber nicht nur das: Nach der Einweisung legte sie die Lockvögel auch so ab, dass sie mit dem Kopf gegen den Wind standen. Fielen sie auf die Seite oder lagen sie auf dem Rücken, platzierte die

Hündin nach Archies Befehl die Tauben, wie von ihrem Herrn gewünscht.

Hunde waren eines unserer Lieblingsthemen, wenn wir gemeinsam jagten.

Einmal saßen Archie und ich gedeckt in einer Hecke in einem Schirm. Vor uns waren ungefähr 20 „decoys" drapiert und die Tauben strichen in Scharen zu ihren künstlichen Artgenossen. Als jeder von uns drei Tauben erlegt hatte, schickte Archie seine Hündin los und klärte mich vorher auf: „Sie nimmt die Tauben in derselben Reihenfolge auf, in der wir sie geschossen haben."

Was ich als Witz verstanden hatte, geschah tatsächlich: Die Taube, die nach dem ersten Schuss von Archie gefallen war, wurde von der Hündin als Erste, so wie es sich gehört, zu den Locktauben gelegt: Kopf in den Wind, Rücken nach oben. Dann stellte sie meine erste Taube, die ich danach geschossen hatte, ebenfalls korrekt auf und so weiter – genau in der Reihenfolge, in der die grauen Flieger nach unseren Schüssen auf die Stoppeln gefallen waren.

Das macht den Unterschied

Es begab sich zu der Zeit, als E-Mails und elektronischer Zahlungsverkehr noch unbekannt waren und das Geld per Postanweisung übermittelt wurde. Der Züchter zweier meiner Hunde aus Warendorf, Emmo Schröder, bekam des Öfteren Bargeld vom Briefträger mit dem Vermerk „Deckgeld", wenn einer seiner Rüden sich mal wieder erfolgreich vermehrt hatte.

Wieder einmal wollte der Postbote Emmo 300 Mark für einen erfolgreichen Deckakt seiner Rüden auszahlen. Während Emmo den

Empfang des Geldes auf der Durchschrift der Postanweisung quittierte, fragte der Postbeamte, was es denn mit dem sogenannten „Deckgeld", das Emmo alle paar Monate bekäme, auf sich habe. Emmo erläuterte es ihm: „Wenn jemand Münsterländer züchten möchte, kommt er mit seiner heißen Hündin zu mir, weil ich einen sehr guten Zuchtrüden habe. Und das lasse ich mir natürlich bezahlen."

Ungläubig, mit großen Augen, hörte der Postbote sich die Erklärung an und meinte dann kopfschüttelnd: „Unsereins kriegt höchstens 'ne Extraportion Bratkartoffeln mit Speck dafür!"

Ein Lob der Vielseitigkeit

In den 1980er-Jahren jagte ich oft mit Willy Weyer, dem Inhaber des gleichnamigen Jagdvermittlungsbüros, in der Nähe von Frankfurt an der Oder auf Rebhühner.

Mit drei deutschen Jägern und zwei Vorstehhunden waren wir stundenlang durch die polnische Feldmark gestreift, die Hunde hatten vorzüglich gearbeitet, und es hing schon eine stattliche Anzahl an Hühnern an unseren Galgen. Es wurde sehr heiß, die Sonne brannte vom tiefblauen Himmel herab, uns quälte unvorstellbarer Durst, die Luft flimmerte, und die Hunde waren erschöpft.

Schließlich kamen wir zu einem einsamen Gehöft, vor dem ein Ziehbrunnen mit einem wackeligen Dach stand, unter dem die Walze mit der Kette angebracht war. Ich wollte gerade die Kurbel des Drehbrunnens ergreifen, da öffnete sich die Haustür und eine ältere Frau erschien. Trotz der Hitze trug sie eine Schaffellweste. Ihre grauen Haare versteckte sie unter einem bunten Kopftuch.

Die Frau verbeugte sich, legte die Handflächen aneinander, und als ich um Erlaubnis bat, etwas Wasser aus dem Brunnen schöpfen zu dürfen, erwiderte sie in gebrochenem Deutsch: „Warum Wasser, wenn es frische kalte Milch gibt?", verschwand im Haus und kam gleich darauf zurück mit einem zweihenkeligen irdenen Topf, gefüllt mit Milch. Sie stellte den Topf auf die Bank im Schatten vor dem Haus, versenkte darin einen Schöpflöffel und legte mehrere weiß emaillierte zerbeulte Blechbecher daneben.

Wir tranken gierig. Bald war unser Durst gestillt, der Topf aber noch halb voll. „Bitte, verkaufen Sie uns die Milch und den Topf", schlug Weyer vor, „wir wollen weiter und würden ihn gerne mitnehmen."

„Oh, das darf ich nicht. Das kann ich meinem Alten nicht antun, dann muss er ja im Winter bei Frost und Schnee nachts vor die Tür."

Wir schauten uns stirnrunzelnd an, bekamen rote Köpfe, begannen zu würgen, bedankten uns, übergaben der guten Frau einen Geldschein und zogen stumm mit zusammengepressten Lippen weiter.

Das Gleichnis vom Dünn- und Dicksein

Jagdfreund Peter, genannt Buddel, war früher immer gertenschlank gewesen, hatte in den letzten Jahren jedoch unheimlich an Gewicht zugenommen.

Darauf von meinem Sohn angesprochen, verteidigte er sich: „Was willst du junger Dachs eigentlich von mir? Im nächsten Jahr werde ich 50, habe schon allerlei Zipperlein und nicht mehr die Geduld, stundenlang auf dem Hochsitz durchzufrieren.

Zugegeben, ich bin bequemer geworden und habe zugenommen, aber das ist der Lauf der Zeit, und ich will dir auch sagen, woran das liegt: Wenn ich früher, als ich noch Junggeselle war, hungrig und durstig vom Ansitz nach Hause kam, stürzte ich in die Speisekammer, aber meistens fand ich dort nichts Gescheites und ging ins Bett.

Wenn ich heute von der Jagd komme, gehe ich ans Bett, finde nichts Gescheites darin und begebe mich in die Speisekammer."

Ursache und Wirkung

Aus dem hohen Norden Kanadas wurde mir folgende Geschichte über einen Biologen erzählt, der einen Winter lang mutterseelenallein in einem Blockhaus in der Wildnis verbrachte, um Studien über Volverines (Vielfraß) zu betreiben.

Ein Einheimischer, der des Weges kam, antwortete auf die Frage des Wissenschaftlers, ob es einen harten Winter gäbe: „Winter werden sehr, sehr kalt."

Im Hinblick auf den dürftigen Feuerholzvorrat vor seiner Hütte bekam der Forscher Bedenken, denn wenn der Winter so kalt würde, wie es der Indianer angedeutet hatte, reichte das bisschen Brennholz gewiss nicht aus.

Nachdem mehrere weitere Bäume hatten dran glauben müssen und der Forscher vom Fällen, Sägen und Spalten körperlich ziemlich am Ende war, beschloss er, den Indianer lieber noch einmal zu befragen. Gedacht, getan, doch die Antwort war ernüchternd.

„Winter werden sehr, sehr, sehr kalt!" Dabei fuchtelte der rote Krieger wild mit seinen Armen und machte ein bedenkliches Gesicht – der Forscher auch.

Wird ja wohl ein saukalter Winter werden, denkt er und beschließt, noch mehr Holz zu hacken. Einige Tage später türmen sich Unmengen von Feuerholz vor seinem kleinen Blockhaus.

„Es wird wohl ein Winter, so kalt wie seit vielen Jahren nicht mehr", warnt der rote Bruder bei seinem nächsten Besuch. Noch einmal greift der Europäer zu Axt und Säge und nach weiteren schweißtreibenden drei Tagen ist der Haufen mit dem gehackten Holz fast höher als die Jagdhütte.

Als nach einer Woche der Indianer wieder vorbeikommt, fragt ihn der Biologe, woher er denn wisse, dass ein so harter Winter bevorstehe.

Die Antwort: „Oh, weil weißer Mann haben sehr, sehr viel Holz gehackt!"

Was auch Taube verstehen

Ich fuhr mit einem Freund nach der Jagd auf Moorhühner mit der Bahn von Edinborough nach London. Das Abteil teilten wir mit drei Engländern – jeder von ihnen ein typischer englischer Gentleman – die, nach ihrem jagdlichen Outfit zu urteilen, ebenfalls von der Grousejagd kamen. Als wir sie ansprachen und nach ihrem Jagderfolg befragten, mussten wir bald feststellen, dass alle drei fast stocktaub waren und eine weitere Unterhaltung recht mühsam zu werden drohte.

Nach einer guten halben Stunde hielt der Zug, und einer der drei Gentlemen unterbrach das Schweigen: „It must be Wembley."
Darauf erwiderte der Zweite: „No, it is Thursday".
Kurze Pause, und dann der Dritte: „O yes, I am rather thirsty, too."
Und seltsam – alle lächelten verstehend.

Frage an Radio Eriwan:

„Was ist ein Chaos?"
Kurzes Schweigen, dann die Antwort: „Fragen über Jagd und Jäger werden nicht beantwortet!"

Hellsichtig

In meiner Jugend arbeitete auf dem elterlichen Gut ein Haumeister, der nebenbei auch als Jagdaufseher fungierte. Friedrich, so hieß er, bekam von meinem Bruder vor einer Drückjagd den Auftrag, die Jagdscheine der Gäste zu prüfen.

Beflissen fragte er als Ersten meinen Onkel, Landforstmeister von H. nach dem Dokument: „Haben Sie einen Jagdschein?" „Selbstverständlich", antwortete der in Ehren ergraute alte Herr, „wollen Sie ihn sehen?"

Friedrich winkte ab: „Nein, danke, nicht nötig. Nur wenn Sie keinen gehabt hätten, hätten Sie ihn mir zeigen müssen!"

Das gefräßige Kaninchen

Ein anderes Mal hatte Nupsi zur Treibjagd eingeladen. In seinem Revier waren immer gute Strecken zu erwarten, aber dieses Mal regnete es von der Begrüßung bis zum Abblasen in Strömen.

Am Ende der Jagd konnte wegen der ungünstigen Witterung dann nur ein Kaninchen verblasen werden, sonst war kein Wild vorgekommen, geschweige denn geschossen worden. Zwar war die Stimmung fröhlich, aber auf den Gesichtern einiger Gäste spiegelte sich Enttäuschung wider.

Beim Schüsseltreiben hielt Nupsi eine Rede und versuchte, die etwas peinliche Situation zu retten. Er erzählte von den zahlreichen Hasen und Kaninchen, die noch am Vortag der Jagd beobachtet worden waren und berichtete von dem enormen Wildschaden, den er in diesem Jahr bereits gehabt hatte.

„3 000 Euro habe ich schon bezahlen müssen", erklärte er seinen Gästen. Da rief einer seiner Freunde in das betretene und verständnisvolle Schweigen: „Und das hat alles das Kaninchen aufgefressen?"

Wahrheitsfaktor 0,5

Es war am Stammtisch. Wir saßen wie üblich im Gasthof zur Post in dem kleinen Heidedorf Eversen zusammen, und die Jagdgesellschaft übertraf sich wieder einmal im Erzählen der haarsträubendsten Abenteuer.

Das gefräßige Kaninchen

Ganz ehrlich

Mein Freund Manfred berichtete ausführlich von seiner letzten Safari in Afrika. Als er von einem angeschossenen Büffel erzählte, der ihn nach langer Nachsuche im hohen Gras annahm, auf weniger als zwanzig Gänge zwei Kugeln aus der Doppelbüchse erhielt und zehn Gänge vor dem Schützen tödlich getroffen zusammenbrach, wurde er von einem unserer Stammtischkollegen unterbrochen: „Das ist zu fantastisch, das glaube ich dir niemals, das musst du erlogen haben."

Darauf der Angesprochene gelassen: „So wahr, wie ich hier sitze, ich habe es wirklich erlebt."

„Das glaube ich einfach nicht – wollen wir wetten?", kam die Antwort, und Manfred konterte: „Wetten nicht, aber ich kann es beschwören."

Beim Stammtisch zwei Wochen später eröffnete Manfred die Runde: „Gestern habe ich etwas geschossen – fantastisch ... Was glaubt ihr wohl?"

Da kommt eine Stimme aus dem Hintergrund: „Höchstens die Hälfte ..."

Ganz ehrlich

Die Frau meines Freundes Harald ist bei einigen von uns nicht gerade beliebt, weil sie nichts, aber auch gar nichts für das Hobby ihres Mannes übrighat, im Gegenteil: Sie steht der Jagd sehr skeptisch, ja ablehnend gegenüber. Trotzdem nahm Harald sie einmal mit auf eine Safari.

„Ist das nicht für eine Frau sehr gefährlich?", wurde er nach der Reise gefragt, als wir uns in seinem Haus versammelten, um zu hören, was er alles erlebt hat.

„O ja", erwiderte er, „ich erinnere mich an eine Situation, die sehr an meinen Nerven gezerrt hat. Meine Frau stand nur zwanzig Gänge von mir entfernt, da sah ich einen Löwen, der sich, von ihr unbemerkt, an sie heranschlich. Ich konnte nicht schießen, ohne meine Frau zu gefährden. Ich blickte den Löwen scharf an und dachte ganz konzentriert: Du darfst sie nicht fressen! Ihr werdet es kaum glauben, das Biest drehte um und fraß sie nicht."

In diesem Moment betrat die Frau das Zimmer. Freund Gernot beugte sich zu mir und flüsterte: „Mal ganz ehrlich – hätte Harald doch lieber etwas weniger konzentriert gedacht!"

Der Wanderpelz

Über meinen Onkel, Major der Reserve, kursiert in der Verwandtschaft folgende Anekdote:

Zu vorgerückter Stunde saß er mit einigen jungen Leutnants im Offizierskasino und erzählte wieder einmal die unglaublichsten Jagdgeschichten über Bären und Elche aus Kanada. Gerade war er wieder bei seinem kapitalen Grizzly angelangt.

„Meine Herren", dozierte er, „ich habe die Decke dem Kasino als Wandschmuck für unser Klubzimmer gestiftet. Ordonnanz, holen Sie doch bitte mal das große Bärenfell herunter", bat er sodann.

Der Kellner verschwand und kam kurz darauf mit leeren Händen zurück.

„Herr Major, der Pelz ist gerade besetzt, Oberst von S. erzählt eben von seiner Bärenjagd in den Karpaten."

Preiswerter Irrtum

Ich war von einem Freund zur Bockjagd an die Donau eingeladen, hatte Augsburg bereits passiert und wollte, da ich gut in der Zeit lag, noch eine kurze Pause einlegen, um eine Kleinigkeit zu essen. Am Ortseingang eines kleinen Dorfes entdeckte ich über einer Haustür das Schild „Gasthof zum braunen Hirschen", beschloss dort einzukehren, parkte mein Auto neben dem Eingang, betrat das Haus und stand direkt in einer gemütlich eingerichteten Bauernstube.

Am einzigen Tisch saß ein bärtiger, älterer Mann. Ich setzte mich zu ihm und bat auf seinen fragenden Blick um eine Flasche Bier und ein belegtes Schinkenbrot. Beides stand kurz darauf vor mir, und ich ließ es mir gut schmecken.

Als ich zahlen wollte, meinte der alte Mann: „Ein ‚Vergelt's Gott' ist Bezahlung genug." Verwundert verließ ich das Haus und stieg in mein Auto. Als ich an dem Haus meines Gastgebers vorbeifuhr, sah ich, wie der vermeintliche Wirt ein zweites Schild vom Boden aufhob und es kopfschüttelnd unter das erste mit dem Hinweis: „Gasthof zum braunen Hirschen" nagelte. Darauf war zu lesen: „nach 100 Metern links".

Liebe kann man nicht verbieten

Das Haus meines Jagdfreundes Klaus war zum Verkauf angeboten worden. Ständig schleppten Immobilienmakler Interessenten an, die das Objekt besichtigen wollten.

Eines Tages musste der Freund unerwartet eine Geschäftsreise antreten. Das wurde zum Problem, denn seine Dackelhündin war heiß und durfte deshalb keinesfalls unbeaufsichtigt bleiben beziehungsweise allein aus dem Haus gelassen werden. Zu allem Unglück hatte er den Makler, der an dem besagten Tag mit einem interessierten Käufer das Haus besichtigen wollte, nicht rechtzeitig über seine Abwesenheit informieren können.

Nach kurzem Überlegen befestigte er vor Antritt der Reise an der Haustür einen großen Zettel mit der Aufschrift: „Bitte den Hund NICHT rauslassen", und fuhr beruhigt fort.

Als er spät abends zurückkehrte, wurde Klaus im Wohnzimmer freudig von seiner Hündin und dem Terrierrüden des Nachbarn begrüßt. Ärgerlich ging er zurück zur Haustür, um zu schauen, ob vielleicht jemand seine Notiz für den Makler entfernt hatte.

Neben seinem Zettel fand er einen anderen vor, auf dem in ungelenker Handschrift geschrieben war: „Jemand muss ihren Terrier doch herausgelassen haben. Er wartete den ganzen Tag vor der Tür, ich habe ihn ins Haus gelassen."

Natürlich künstlich

Ein Strauß wilder Wald- und Wiesenblumen reicht nicht als Aufmerksamkeit zum zehnjährigen Hochzeitstag, zumal mein Jagdfreund Ortwin ganz zu Recht gegenüber seiner Frau ständig ein schlechtes Gewissen hat, weil er sich lieber im Wald herumtreibt, statt sich der Familie zu widmen.

Wegen des besonderen Ehejubiläums ging er deshalb auf Anraten seiner Jagdfreunde in ein Blumengeschäft, um etwas ganz Spezielles für seine Liebste zu kaufen. Dort entwickelte sich folgender Dialog:

„Sind diese Blumen künstlich?", fragte Ortwin die Floristin und zeigte auf ein exotisch wirkendes Gebinde.

„Aber natürlich!", kam prompt die Antwort.

„Natürlich?"

„Nein, künstlich!"

„Du liebe Zeit, sind sie nun künstlich oder natürlich?"

„Natürlich künstlich!"

Rache ist süß

Nupsi, immer für einen guten Spaß zu haben, wurde auf einer Drückjagd ein Stand zugewiesen, dessen Vorzüge der Jagdleiter mit den Worten pries: „Ausgezeichneter Stand! Hier wurde vor etwa zwanzig Jahren ein ganz grober Keiler erlegt!" Es kam aber kein ganz grober Keiler, auch kein angehender, es kam überhaupt kein Wild in die Nähe des Standes.

Auf der nächstjährigen Drückjagd erhielt Nupsi denselben Stand mit derselben Empfehlung. Der Erfolg war wieder gleich Null, und nach dem Schüsseltreiben regten sich Rachegefühle bei meinem Freund.

Er wusste, dass der Jagdherr sehr empfänglich für weibliche Reize war und lud ihn ein, mit ihm im Auto in die nächste Stadt zu fahren, wo er eine Weinstube mit Bedienung von zarter Hand wusste.

Als der Jagdherr das „Mädchen" zu Gesicht bekam, fragte er enttäuscht: „Ist das alles"?

„Gewiss", lautete die lakonische Antwort meines Freundes, „das war vor etwa zwanzig Jahren das hübscheste Mädchen weit und breit."

Wasser ist zum Waschen da

In der Brunft beschoss einer unserer Jagdgäste einen Hirsch, der erst nach längerer Nachsuche durch unseren Wildmeister Mackerodt mit dessen Hannoverschem Schweißhund „Elf vom Hemelberg" zur Strecke kam.

Der Schütze wartete voller Gewissensbisse und Selbstzweifel mit seiner Frau in der Jagdhütte auf die Rückkehr des Nachsuchengespannes. Endlich stolperte der Wildmeister schweißgebadet und völlig verschmutzt in die Jagdhütte: „Himmel, war das eine Nachsuche!", stöhnte er.

Die Frau des Jagdgastes empfing ihn mitfühlend: „Ich hole ihnen schnell ein Glas Wasser."

Mackerodt ließ sich erschöpft in das speckige Ledersofa fallen und erwiderte: „Gnädige Frau, ich bin vor allen Dingen durstig, der Schmutz stört mich im Augenblick nicht so sehr."

Auch Zahlen haben Namenstage

Als einst Kaiser Friedrich Wilhelm II. Österreich besuchte, wurde er während eines Jagdaufenthaltes in einem entlegenen Dorf in der Steiermark von einer jubelnden Menschenmenge begrüßt. Ein Jäger drängelte sich ganz nach vorn durch und schrie: „Alles Gute zum Namenstag, Majestät!"

Verblüfft rief der Monarch zurück: „Aber heute ist doch weder ‚Friedrich' noch ‚Wilhelm'?!"

„Stimmt, aber der Zweite!"

Mit der Beute kommen die Tränen

Bei meinem Bruder kam früher oft ein entfernter Vetter von uns zu Besuch auf das Gut, der zwar auch die Jägerprüfung gemacht hatte, aber nie mit uns auf Jagd ging.

Eines Tages konnten wir ihn allerdings doch einmal überreden, mit auf den Entenstrich zu gehen. Wir genossen die Abendstimmung, und als es dunkel war, hatten wir insgesamt vier Breitschnäbel erlegt. Zu aller Verwunderung hatte auch der Vetter einen prächtigen Stockerpel geschossen.

Auf dem Heimweg schwieg der gute Mann, bis wir das Gutshaus fast erreicht hatten und bat dann schließlich kleinlaut meinen Bruder: „Sag mal, würdest du eine von deinen Enten gegen meinen Erpel tauschen? Die Selbstgeschossene könnte ich beim besten Willen nicht essen."

... und den Mäusen ein Wohlgefallen

Unser Haus in Lüneburg steht am Waldrand, und es bleibt nicht aus, dass sich ab und an Mäuse bei uns einnisten, die meine Familie und ich auch dulden, sofern sie nicht zur Plage werden. Kürzlich aber hatten die grauen Nager in unserer Speisekammer unübersehbare Fraßspuren hinterlassen, und meine Frau bat mich, dem Spuk ein Ende zu bereiten.

Ich ging also in ein großes Kaufhaus und suchte in der Haushaltsabteilung nach entsprechenden Fallen. Da ich nicht fündig wurde, befragte ich die Verkäuferin, die mir freundlich erklärte: „Mausefallen bekommen sie in der Abteilung ‚Alles fürs Tier‘!"

Von „abben" Knöpfen, langen Unterhosen und Schürfwunden

Die Familie R. war in der dritten Generation Haumeister und Jagdaufseher auf dem Gut meiner Eltern. Zahlreiche Geschichten kursieren über sie in unserem kleinen abgelegenen Dorf in der Lüneburger Heide, einige sind wahr, andere wurden im Laufe der Zeit dazugedichtet. Hier eine kleine Auswahl:

Friedrich R. beschwerte sich bei seiner Frau: „An meinem Hemd fehlt ein Knopf."

„Ist nicht so schlimm, du ziehst doch die Jacke darüber", beruhigte ihn seine bessere Hälfte.

„Aber an der fehlen zwei Knöpfe", ärgerte sich Friedrich.

„Willst du etwa ohne Mantel zum Ansitz gehen?", kam da die entwaffnende Antwort.

Ein anderes Mal las Frau R. ihrem Mann aus der Tageszeitung vor: „Stell dir vor, da hat ein Wilddieb auf den Förster geschossen, doch der hatte Glück, weil die Kugel einen Knopf seiner Uniformjacke traf und abprallte!"

„Das Glück hätte der Förster nicht gehabt, wenn er mit dir verheiratet wäre", war die Antwort.

Als Friedrich Rentner wurde, widmete er sich nur noch seiner Tätigkeit als Jagdaufseher. „Ein toller Job, nur die Ausbildung dauert so verdammt lange", pflegte er zu sagen.

An einem späten Winterabend beschwert sich seine Frau empört, als er aus dem Revier zurückkommt: „Fritz, ich bete und bete, damit du von deinem Rheuma befreit wirst, und du gehst ohne lange Unterhose auf den Ansitz!"

Friedrich zuckt nur mit den Schultern, er hat sich mit den gut gemeinten, ständigen Vorwürfen längst abgefunden. Diesmal lässt die treusorgende Gattin aber nicht locker und fährt vorwurfsvoll fort: „Ich mache mich ja vor dem lieben Gott lächerlich!"

Friedrich wurde mit ernsten Kratzwunden und Schürfverletzungen ins Krankenhaus gebracht.

„Sind sie verheiratet?", fragte die Krankenschwester bei der Aufnahme.

„Nein, ich bin auf der Treibjagd in eine Dornenhecke gefallen."

„Fritz, Fritz", klagte Frau R., „nun hast du die Rumflasche doch mit auf den Hochsitz genommen. Die sollte doch stehen bleiben, falls jemand krank wird!"

„Ich war krank", sagte Friedrich, „ich habe es dir nur nicht gesagt, weil ich dich nicht beunruhigen wollte."

Gespräch um Mitternacht im Haus des Haumeisters. Die Kuckucksuhr tickt. Frau R. häkelt eine grüne Krawatte. Friedrich ist in die Mitteilungen des Jagdverbandes vertieft.

„Übrigens", beginnt sie, „gestern war ich beim Arzt."

„Soso", murmelt er abwesend, „wie geht's ihm denn?"

Und schließlich: „Fritz hat immer ein unheimliches Glück", erzählte Frau R. ihrer Freundin, „gestern hat er eine Jagdunfall-Versicherung abgeschlossen, und heute früh auf der Treibjagd hat ihm sein Standnachbar eine ganze Ladung Schrot ins Bein geschossen."

Im Klo sind alle gleich

Wir waren zur Jagd auf Rotwild nach Schottland gefahren und wohnten in der Nähe von Inverness in einem gemütlichen kleinen Gasthof. Am letzten Abend gab es nach der Pirsch zum Abschied ein großes Buffet in feierlichem Rahmen.

Wir hatten uns alle entsprechend umgezogen, nur mein Vetter war in seiner Jagdkleidung erschienen. Wir hänselten ihn deswegen, und als ihm unsere Späße auf die Nerven gingen, wandte er sich nach ein paar Bieren genervt an einen Ober und fragte, wo denn der gewisse Ort sei.

Dieser klärte ihn auf: „Sir, am Ende des Ganges links befindet sich eine Tür mit der Aufschrift ‚Ladies', da dürfen sie nicht hinein. Rechts ist eine Tür mit der Aufschrift ‚Gentlemen', da dürfen sie aber trotzdem hinein."

Erst die Waffe, dann der Mensch

Mein ungarischer Freund und Berufsjäger Joschka war bekannt für seinen trockenen Humor.

Bei der Nachsuche auf einen angeschossenen Büffel in Tansania fragte ihn ein ängstlicher Jagdgast: „Was passiert eigentlich, wenn mein Gewehr versagt oder Ladehemmung hat?"

„Keine Ahnung", antwortete Joschka gelassen, „auf alle Fälle haben Sie nach dem Kauf einer neuen Waffe ein Jahr Garantie."

Nur kein Neid!

Bernd ist mittlerweile vierfacher Großvater, und seine Enkelkinder sind sein ganzer Stolz. Gerne nimmt er sie auch mit in den Wald, um sie in die Geheimnisse der Natur einzuweihen.

Während der Hirschbrunft saß er wieder einmal mit einem seiner Enkel am Wildacker auf einer Kanzel, um Wild zu beobachten. Nach geraumer Zeit trat ein Rudel Rotwild aus dem Bestand.

Auf der Kanzel herrschte atemlose Stille. Der Kleine hatte sein Fernglas vor den Augen und starrte gebannt zu dem kapitalen Hirsch hinüber, der schreiend das Kahlwild umrundete, ab und an einen Beihirsch auf Trab brachte und dann erregt zu seinem „Harem" zurückkehrte. Dabei war seine mächtige Brunftrute sehr gut zu erkennen.

Unvermittelt fragte der kleine Enkelsohn: „Du, Opa, ist der Hirsch krank?", worauf der Großvater seufzte: „Ach Kind, nein, ich wünschte, der Opa wäre genau so gesund."

Praktisch nein – theoretisch ja

Mein alter Dorfschullehrer war ein Unikum, passionierter Jäger, aber saumäßig schlechter Schütze.

Als er sich auf der Treibjagd wieder einmal ziemlich blamiert hatte, erläuterte er uns folgende Rechnung: „Ein Jäger schießt auf einen Hasen. Der schlägt einen Haken, und die Schrotgarbe fliegt zehn Zentimeter links an dem Krummen vorbei. Danach schießt der Jäger noch einmal. Diesmal fliegt die Schrotgarbe zehn Zentimeter rechts am Ziel vorbei. Was schließen wir daraus?"

Als die verblüffte Jagdgesellschaft schweigend auf den Alten starrte, präsentierte der stolz die Antwort: „Statistisch gesehen ist der Hase tot."

Der 1 000-Euro-Hase

Nupsi hat im Immobiliengeschäft viel Geld verdient. Er ist einer meiner wohlhabendsten Freunde, Pächter einer Jagd in der Lüneburger Heide, sehr großzügig, gibt aber trotz seines Reichtums seinen Mitjägern mitunter das Gefühl, er stehe kurz vor dem finanziellen Ruin.

„Meine Jagd ist sündhaft teuer", beklagte er sich kürzlich, als wir vor der Hütte saßen und von seinem Bier profitierten. „An die Kosten darf ich gar nicht denken! Die Pacht, der Wildschaden, die Ausrüstung, die Munition ... Und dann die teuren Gäste und die ständige Fahrerei zwischen Jagd und zu Hause! Wenn ich es genau kalkuliere, so kostet mich ein Hase mindestens 1 000 Euro!"

„Ja", meinte Wilhelm, nachdenklich schmunzelnd, „da kannst du ja noch froh sein, dass wir so wenig schießen und du so selten triffst!"

Männer, die mit Tieren sprechen

Nach der Jagd saß ich gemütlich mit meinem Bruder bei unserem Wildmeister in der guten Stube vor dem Fernsehapparat. Es wurde ein spannender Western gezeigt. Caesar, genannt Julius, der Weimaraner, und Axel, die Dachsbracke, schliefen entspannt zu unseren Füßen, alles um uns herum war vergessen, wir starrten gebannt auf die Mattscheibe.

Gerade verfolgten einige Cowboys eine Gruppe von Viehdieben. Der Anführer der Verfolger wurde in Großaufnahme gezeigt, wie er auf sein Pferd einredete und es inständig bat, schneller zu laufen, damit die Bösewichte nicht entkamen. Uns stockte vor Aufregung der Atem.

Da lachte der Wildmeister plötzlich laut auf: „Schaut euch das an", wandte er sich amüsiert zu seinen beiden auf dem Boden liegenden Hunden, „der dumme Cowboy spricht mit seinem Pferd!"

Wahrhaftige Lügen

Mitjäger Wolf-Christian, kurz WC genannt, war zwar kein überaus passionierter Jäger, aber in der Gesellschaft beliebt, besonders, weil er sehr anschaulich und spannend Jagdgeschichten erzählen konnte. Er war ein wahres Erzähltalent, obwohl seine Geschichten mitunter hart am Rande der Wahrheit lagen, oder besser noch, weit jenseits von dieser.

Einmal fragte ihn mein Neffe sehr direkt, ob nicht die eine oder andere seiner Schilderungen schlicht erfunden oder gelogen seien.

„Das ist ganz einfach", konterte WC, „wenn ich mein Ehrenwort gebe, dann ist es gelogen, wenn ich es aber nicht gebe, dann ist es – auf Ehrenwort – wahr!"

Der bessere Bettvorleger

Onkel Franz jagte schon im Ausland zu Zeiten, in denen es für deutsche Jäger kaum üblich war, in fernen Gefilden ihrer Leidenschaft nachzugehen. Stolz präsentierte er nach einer solchen exotischen Reise seinen Jagdfreunden einmal ein Eisbärfell als Bettvorleger in seinem Schlafzimmer.

„Wo hast du den denn her?", fragte einer der Jagdkameraden.

„Den habe ich auf meiner letzten Arktis-Safari geschossen. Es war sagenhaft spannend. Ich kämpfte mich bei einem heftigen Schneesturm zur nächsten Ansiedlung zurück, da stand plötzlich dieser kapitale Eisbär aufrecht vor mir. Ich war ganz allein mit ihm, Auge in Auge in der unendlichen Eiswüste. Eine Situation, wie ihr sie euch nicht vorstellen könnt – entweder er oder ich", redete sich der Onkel in Rage.

„Na, Gott sei Dank", unterbrach ihn mein Bruder nüchtern, „du wärest als Bettvorleger sicherlich nicht so dekorativ gewesen."

Ein Zeug, was nicht nur die Stimmung hebt

Der Deutsch-Drahthaar-Rüde meines Jagdfreundes Ortwin war in die Jahre gekommen. Das war für seinen Besitzer aus zweierlei Gründen besonders einschneidend. Zum einen fehlte ihm auf der Jagd ein zuverlässiger Begleiter, zum anderen aber auch eine einträgliche Einnahmequelle, denn Heinrich, so der Name des Hundes, war ein anerkannter und weit über Niedersachsens Grenzen hinaus beliebter Zuchtrüde, der seinem Herrn jedes Jahr beträchtliche Beträge an Deckgeld einbrachte.

Ortwin konsultierte also einen Tierarzt, der das wertvolle Tier eingehend untersuchte und eine Medizin verschrieb, damit der alte Rüde wieder fit würde.

Die Tabletten wirkten Wunder. Nach einer Woche war Heinrich wieder ganz der Alte, begleitete seinen Herrn zur Jagd und zeigte auch wieder großes Interesse an der weiblichen Hundewelt.

„Dr. Müller hat ihm Pillen verschrieben, seitdem ist Heinrich kaum noch zu bändigen", freute sich Ortwin, als ihn ein Jagdfreund besuchte, dem sofort die wundersame Wandlung des Hundes auffiel.

„Interessant", meinte der Jäger, „wie heißt denn das Zeug?"

„Weiß ich auch nicht", erwiderte Ortwin, „aber es schmeckt nach Pfefferminz."

Ärger mit dem Wappentier

Ferdinand I. von Österreich hatte im Volksmund den Namen „Der Gütige", manche Zeitgenossen nannten ihn aber auch recht respektlos „den Deppen".

Als der Monarch älter wurde, ließ seine Sehkraft nach, aber trotzdem wollte er noch zur Jagd gehen. Eines Tages äußerte er den Wunsch, einen Adler zu schießen.

Der Oberjäger zog seine Gehilfen ins Vertrauen, und einer von ihnen wusste Rat. Man führte den österreichischen Kaiser in die Berge, wo sich einer der stolzen Wappenvögel aufhielt, und neben den Landesherrn wurde ein vorzüglicher Schütze postiert, der den Auftrag erhielt, gleichzeitig zu schießen, wenn der Kaiser seinen Schuss abgäbe.

Alles verlief programmgemäß: Der Adler kreiste über den Jägern, der Kaiser schoss, und der große Vogel stürzte dank des schnell reagierenden Jagdhelfers getroffen zu Boden.

Voller Freude brachte man dem Monarchen seine Beute. Doch dessen Miene verfinsterte sich.

„Wie?", entfuhr es ihm, „das soll ein österreichischer Adler sein? Der hat ja nicht einmal zwei Köpfe!"

Tote Enten fliegen besser

Hubert hält sich für einen ungewöhnlich guten Jäger. Er spart auch bei keiner Gelegenheit mit fast unglaublich klingenden Erzählungen über seine Jagderfolge und enorme Niederwildstrecken, in denen er sich und seine Treffsicherheit lobt.

Eines Tages ist er mit Freund W. auf der Entenjagd. Als sich die beiden Jäger dem Wasser nähern, erhebt sich ein Schoof Stockenten vom Fluss. Hubert reißt die Flinte hoch und schießt auf den letzten Breitschnabel. Der fliegt ungerührt weiter.

„Donnerwetter!", entfährt es dem Schützen erstaunt, „das ist die erste tote Ente, die weiterfliegt."

Tote Enten fliegen besser

Schlagfertig

Gnadenschuss für einen Wagen

Klaus Peter, genannt Buddel, besitzt einen uralten Geländewagen, von dem er sich einfach nicht trennen kann, obwohl das gute Stück mehr in der Werkstatt steht als im Revier. Manche Freunde behaupten, wenn er den Tank des Autos nachfüllen lasse, sei der Wagen sofort doppelt so viel wert.

„Meister, wie steht es mit meinem Geländeauto?", fragte Buddel hoffnungsvoll seinen befreundeten Kfz-Meister, als er den Wagen nach einer Woche endlich wieder aus der Reparaturwerkstatt holen wollte.

„Sagen wir es einmal so", suchte der Freund vorsichtig nach den passenden Worten, „wenn dein Auto ein Jagdhund wäre, müssten wir es erschießen!"

Schlagfertig

Drückjagd in der Göhrde. „Nach den neuen Hygienerichtlinien müssen wir das Wild an einem zentralen Platz aufbrechen", belehrte uns der Jagdleiter zu Beginn der Jagd.

So geschah es dann auch. Am Ende der spannenden Jagd lagen mehrere Stücke Rot- und Schwarzwild am Streckenplatz und wurden von den Erlegern versorgt.

Professor S. hatte zwei Überläufer sowie ein Rotkalb geschossen und war noch mit Letzterem beschäftigt, als die anderen Schützen ihre rote Arbeit längst beendet hatten. Sie schauten ihm über die Schulter und beobachteten, wie der Chirurg vorsichtig die Bauchdecke des Kalbes aufschärfte. Dabei fielen gut gemeinte Ratschläge, lustige Bemerkungen, und der Professor war offenbar nicht ganz bei der Sache, denn plötzlich spritzte etwas grüner Panseninhalt an seine elegante Jacke.

„So ein Mist", fluchte er, „jetzt sehe ich aus wie eine Sau."

„Und bespritzt haben Sie sich auch noch, Herr Professor", reagierte ein Jäger auf den Wutausbruch.

Die größte Tugend eines Afrikajägers

Joschka, mein ungarischer Jagdpartner in Tansania, behauptete, für einen Afrikajäger sind drei Tugenden unerlässlich.

„Und das sind?", wurde er von einem seiner Safarigäste gefragt.

„Ein scharfer Blick, eine sichere Hand und vor allem eine kräftige Stimme."

„Aber wozu denn eine kräftige Stimme?", bohrte der Gast erstaunt nach.

Joschka ganz gelassen: „Damit man ihn auch hört, wenn er auf einem Baum sitzt und um Hilfe schreit."

Wenn's kracht, dann kracht's

Während der Zugzeit der Kraniche ist es immer wieder ein ganz besonderes Erlebnis, die großen Vögel auf dem Darß zu beobachten. Mein Bruder kam von dort zurück und erzählte so begeistert davon, dass meine Frau und ich uns am nächsten Wochenende aufmachten, um dieses einmalige Spektakel ebenfalls zu erleben.

Tausende, ja Hunderttausende der Vögel des Glücks standen am Tage auf den abgeernteten Schlägen und zogen abends unter fast ohrenbetäubendem Lärm zum seichten Wasser, um dort vor Raubwild sicher zu übernachten. An günstigen Stellen standen in der Nähe der Rastplätze Beobachtungstürme. Zu unserem Leidwesen hatten sich dort bereits wahre Menschenmengen, die wie wir die Ankunft der großen Stelzvögel erwarteten, eingefunden.

Ein Aufseher schloss die Tür auf, ging voran, die Menge folgte. Während wir die zehn Stufen zur Aussichtsplattform des erst kürzlich fertiggestellten Turmes erklommen, geriet die gerüstartige Konstruktion wegen der vielen Besucher beängstigend ins Wanken, und eine ältere Dame fragte unseren Führer besorgt: „Wie viele Besucher hält der Turm eigentlich aus?"

„Das haben wir bisher noch nicht feststellen können", kam die beruhigende Antwort des Führers, „vielleicht erfahren wir es heute."

Man kann eben nicht alles haben

Bei der Jagd auf Pronghorn-Antilopen in Montana unterhielt ich mich mit einem alten Jagdführer über seine Gäste und fragte ihn, was er wohl von den Deutschen, von denen er in seinem Leben viele geführt hatte, hielt.

Seine Antwort war entwaffnend: „Die deutschen Jäger sind intelligent, ehrlich und passioniert, aber nie treffen alle drei Eigenschaften gleichzeitig zu."

Auf meinen fragenden Blick fuhr er fort: „Sind sie intelligent und passioniert, dann sind sie nicht ehrlich, sind sie intelligent und ehrlich, dann sind sie nicht passioniert, sind sie ehrlich und passioniert, dann sind sie nicht intelligent."

Man kauft beim Fachmann ...

Der Besitzer des Waffenladens, bei dem ich gelegentlich Patronen kaufe und mit dem ich Neuigkeiten über Jagd und Jäger der Umgebung austausche, erzählte mir von dem folgenden Gespräch mit einer Dame in seinem Laden:

„Ist das Ihr Geschäft?", fragte sie.

„Ja, ich bin der Inhaber", antwortete er wahrheitsgetreu.

„Sind Sie denn auch ausgebildeter Büchsenmacher?"

„Aber selbstverständlich", antwortete er.

„Und wo haben Sie ihren Beruf erlernt?"

„In Suhl, aber wieso ...?"

„Haben Sie dort auch den Meistertitel erworben?", wurde er sofort unterbrochen.

„Ja, aber ...?"

„Jetzt sagen Sie mir noch", bohrte die Kundin weiter, „seit wann führen Sie dieses Geschäft?"

„Seit über zwanzig Jahren."

„Na gut", die Frau hatte sich sichtlich beruhigt, „dann geben sie mir bitte eine kleine Dose Luftgewehrmunition."

Wie der Hund, so die Herrin

Als ich eines Tages beim Tierarzt im Wartezimmer warten musste, saß mir gegenüber eine Dame, die den Anwesenden lautstark und ohne Pause erzählte, wie sehr ihr Hund leiden müsste, wie unruhig er wäre und dass sie seit Tagen keine ruhige Nacht mehr gehabt habe. Wir alle waren schon gereizt von dem ewigen Geplapper der

Frau, als ihr Mann mit einem missmutigen Terrier unter dem Arm aus dem Behandlungsraum herauskam.

„Was hat der Doktor gesagt?", rief sie ihm aufgeregt entgegen.

„Er hat gesagt, es sei Ohrenzwang, und du sollst ihm eine von diesen Tabletten geben", antwortete der Mann.

Darauf murmelte ein anderer, dem das Gerede der Frau offenbar besonders auf die Nerven gegangen war, sich mitfühlend dem Besitzer des Terriers zuwendend: „Wenn die nicht helfen, nehmen Sie selbst zwei. So wird wenigstens einer von beiden zu etwas Schlaf kommen."

Zu weit – das geht zu weit

Als Junge durfte ich früher nur mit offener Visierung schießen, Zielfernrohre waren in meiner Jugend in unserem sehr konservativ geprägten Elternhaus verpönt.

Als ich bei unserem Wildmeister, meinem strengen Lehrherrn, einmal den Einwand wagte, ein Stück Wild könne doch auch mal zu weit stehen, sodass ein Zielfernrohr dann ganz nützlich wäre, wurde ich furchtbar angeschnauzt: „Zu weit gibt es nicht, dann krieche gefälligst auf allen vieren an das Stück heran", und dann der Nachsatz: „Wir sind Jäger und keine Kunstschützen!"

Ich durfte meine Flinte jeweils nur mit einer Patrone laden, was ungeheure erzieherische Wirkung zeigte. Über für jede auf der Jagd verschossene Schrotpatrone musste ich Rechenschaft ablegen.

Ich erinnere mich an eine kleine Treibjagd, auf der ich einen Hasen fehlte. Nach dem Ende des Drückens fragte mich unser Wildmeister: „Du hast geschossen?"

Etwas flapsig erwiderte ich: „Ja, auf einen Hasen, ich glaube aber, der war zu weit."

Mich traf ein vernichtender Blick. „Jeden Köter, der auf der Jagd nicht pariert, jage ich nach Hause. Gäste, die sich nicht an die Regeln halten, schicke ich fort – du kannst ab jetzt als Treiber mitgehen."

Das hat gewirkt, ich habe seitdem nicht mehr zu weit geschossen.

Schlechten Schützen will Justitia wohl ...

In Russland hatten zwei meiner Jagdgäste auf der Fahrt vom Moskauer Flughafen ins Jagdgebiet im Geländewagen in Zugluft gesessen, weil die Autofenster nicht fest geschlossen werden konnten, angeblich einen steifen Hals bekommen und natürlich nur deshalb während der Drückjagd vorbeigeschossen. Sie prozessierten mit mir und bekamen Recht, beziehungsweise wir einigten uns auf einen Vergleich!

Auf einer von mir vermittelten Taubenjagd in England hatten drei Jäger an zwei Tagen lediglich sieben Tauben erlegt und dabei mehr als 250 Schrotpatronen verschossen. Diese Patronen präsentierte mein englischer Geschäftspartner den Gästen auf seiner Rechnung und später auch vor dem Gericht, denn die „Herren" verklagten mich, weil sie so wenig erlegt hatten. Vor Reiseantritt hatte ich ihnen nämlich gesagt, man könne bei durchschnittlichen Trefferkünsten mit Tagesstrecken von 30 bis 40 Tauben pro Schütze rechnen.

Der englische Berufsjäger sagte aus, die Männer hätten einfach nur sehr schlecht geschossen, denn es wären während der beiden Jagdtage so viele Vögel geflogen wie selten. Der Richter in Deutschland argumentierte jedoch, ich hätte meinen Kunden 30 bis 40 Tauben pro Tag zugesagt, und die Kläger hätten diese Strecke nicht erzielt. Auch in diesem Fall schlossen wir einen Vergleich!

Angler brauchen eben Ruhe

Bei einem abendlichen Spaziergang an der Binnenalster in Hamburg trafen meine Frau und ich auf einen Angler. Er saß gemütlich in einem Liegestuhl, eine qualmende Tabakspfeife im Mund und las ein Buch. In der anderen Hand hatte er eine Bierflasche. Seine Angelrute hatte er mit einer Astgabel abgestützt, und einige Meter von Ufer entfernt tanzte eine orange leuchtende Pose an der Angelschnur auf den Wellen.

Als ich den Mann nach seinem Petri Heil fragte, nahm er gelassen seine Pfeife aus dem Mund und meinte: „Bis jetzt hat mich noch kein Fisch gestört."

Durch Technik zum Lügner

Tragbare Satelliten-Telefone waren noch weitgehend unbekannt, als ich vor vielen Jahren im damaligen Südwestafrika mit zwei Jagdgästen jagte.

Einer von ihnen führte allerdings eines mit sich und rief aus dem Busch spontan seine Frau in Deutschland an, nachdem er eine Oryx-Antilope erlegt hatte. Ich war fasziniert von der mir damals noch fremden Technik, bat ihn, auch einmal telefonieren zu dürfen und wählte die Nummer meiner Mutter in Deutschland.

„Junge, ich denke, du bist in Afrika", kam die erstaunte Frage der alten Dame aus dem Hörer. „Ja, Mutzel, bin ich auch. Ich stehe hier im Busch, und wir haben gerade einen Oryx geschossen."

Schweigen auf der anderen Seite der Leitung, dann kam der verzweifelt klingende Satz: „Aber ich habe dir doch gesagt, du sollst nicht immer so viel trinken!"

Praktisch gedacht, falsch gedacht

Als ich noch in Deutsch-Südwestafrika als Jagdführer und Farmverwalter arbeitete – das Land heißt schon lange Namibia, die Geschichte ist also bereits viele Jahre her –, hatte ich Schwierigkeiten, mit der Denkweise der einheimischen Farmangestellten und Jagdhelfer vertraut zu werden. Umgekehrt war die Mentalität ausländischer Jäger diesen Naturburschen meistens fremd.

Als wir auf einer meiner ersten Jagden im Geländewagen durchs Veld fuhren, erblickte unser schwarzer Begleiter einen Kudu. Ich stoppte das Auto, ließ meinen einheimischen Spurenleser und den

Gast aussteigen und fuhr langsam weiter, um den Wagen in sicherer Entfernung zu parken. Da hörte ich einen Schuss.

Samuel, der rührend hilfsbereite Herero, hatte den Gast zurückgelassen, war dem Kudu hinterhergepirscht und hatte ihn erlegt. Der Schwarze strahlte über das ganze Gesicht.

Er hatte es gut gemeint und verstand nicht, warum der Gast stinkwütend war und schimpfte. Schließlich hatten wir doch endlich Beute gemacht. Ich konnte dieses praktische Denken meines einheimischen Freundes durchaus verstehen.

Der wird nicht weit kommen

In einer Tageszeitung entdeckte ich unter der Rubrik „Entlaufen" folgende Anzeige:

Jagdhund entlaufen, hat nur drei Läufe, Narbe an der Kehle, große Wunde am rechten Behang, linkes Ohr fehlt, Rute an zwei Stellen gebrochen, keine Zähne, kastriert, auf dem linken Auge blind. Hört auf den Namen LUCKY.

Jagdkönig von Schummelns Gnaden

Als Jagdführer geht man auch schon mal auf Sonderwünsche ein, wenn der Erfolg für einen Gast ausschlaggebend sein soll. Am Morgen vor einer Fasanenjagd in England hatten meine Gäste um eine Kiste Rotwein gewettet, wer von ihnen die höchste Tagesstrecke erzielen würde.

Einer der Männer nahm mich darauf zur Seite und bat mich, ohne dass der Rest der Jagdgesellschaft es hören konnte, in den einzelnen Treiben meinen Stand stets direkt neben seinem einzunehmen. Er würde mir für jeden von mir geschossenen Gockel fünf Mark bezahlen, wenn er ihn auf sein „Konto" schreiben dürfe.

Ich war einverstanden. Die Jagdgesellschaft wunderte sich beim abendlichen Dinner zwar, dass ich ungewöhnlich schlecht geschossen hatte, aber das nahm ich gern in Kauf, hatte ich doch meinen „Gönner" mit diesem Flop glücklich gemacht.

Er gewann die Wette und damit die zweifelhafte Würde des Jagdkönigs.

Machen wir's den Lachsen nach ...

Im Herbst flog ich mit einer Reisegruppe nach Britisch Kolumbien zur Bärenjagd. Außerdem wollten wir Lachse fischen. Zwischen den eben eingestiegenen Passagieren, die noch mit dem Verstauen von Mänteln und Handgepäck beschäftigt waren, bahnte sich eine Stewardess mühsam einen Weg durch den Mittelgang und seufzte: „Ich komme mir vor wie ein stromauf schwimmender Lachs."

Darauf meldete sich eine Männerstimme mit der Frage: „Sie wissen doch, warum die Lachse stromauf schwimmen – oder nicht?"

Für Junge zählt noch jeder Tag

Mein Jagdfreund Michel van Havre war erfahrener Buschpilot und Jagdführer in Schefferville, dem Ausgangspunkt für Jagden in die Ungawa-Wildnis und an die Hudsonbai im nördlichsten Teil der kanadischen Provinz Quebec. Sein jugendliches Aussehen täuschte über sein wahres Alter und seine Erfahrung hinweg.

Hatte er keine Jagdgäste zu führen, unternahm Michel mit seiner eigenen kleinen Propellermaschine Charterflüge. Eines Tages sollte er eine ältere Dame über die schier endlose subarktische Tundralandschaft fliegen und ihr die Wanderung der riesigen Karibuherden zeigen.

Die Frau musterte ihn eingehend, während er ihr beim Anschnallen half. Als sie in der Luft waren und nichts als Wasser, Sumpf und Weite unter ihnen, fragte die Dame ängstlich: „Sie kommen mir noch sehr jung vor. Wie lange fliegen Sie denn schon?"

Michel schenkte ihr sein strahlendstes Lächeln und fragte: „Meinen Sie einschließlich heute?"

Kleider machen Jäger?

Während einer Gesellschaftsjagd stand ich vor der Begrüßung in der Nähe zweier auffallend schick gekleideter Jäger und wurde Zeuge ihres Gespräches. Der eine erzählte, er habe sich gerade in Edinborough einen Jagdanzug anfertigen lassen, der andere rühmte sich mit seinem belgischen Schneider, der bekannt dafür sei, maßgeschneiderte Jagdkleidung zu machen.

Da kam mein Neffe, Forststudent im dritten Semester auf mich zu und begrüßte mich herzlich. Seine Jacke war zerschlissen, der Pullover darunter arg ausgefranst, die Hose zerknittert, und die Stiefel hatten wahrscheinlich die ganze Jagdsaison noch keine Schuhcreme gesehen.

Einer der beiden so perfekt ausstaffierten Jagdfreunde zog verächtlich die Augenbrauen hoch und schüttelte den Kopf. „Wer sich das Jagen nicht leisten kann", meinte er pikiert, „der sollte es besser bleiben lassen."

Zahmes Raubtier, wilder Mensch

Mein langjähriger Freund und Partner Hartwig von S. hält auf seiner Farm in Namibia zur Freude seiner Jagdgäste einige Geparden in einem Gehege. Als wir wieder einmal vor dem hohen Zaun standen und die Großkatzen bewunderten, ging Hartwig in das Gatter und streichelte eine von ihnen, die sich die Liebkosungen gerne gefallen ließ.

„Sie brauchen keine Angst zu haben, Cheetah ist ganz zahm, sie wurde nämlich mit der Flasche aufgezogen", beruhigte er die vor dem Zaun staunenden Gäste.

„Das wurde ich auch. Und trotzdem schmecken mir heute Rindersteaks und Schweineschnitzel", erwiderte einer der Jäger zweifelnd.

Elche sind keinen Schuss Pulver wert

Vor der Elchjagd in Schweden wurde ich von einem deutschen Jagdgast gefragt: „Haben Elchkühe Hörner?"

„Nein, Elchtiere tragen wie die meisten Cerviden keinen Kopfschmuck", antwortete ich.

„Aber Grandeln für Schmuck haben sie doch, oder?", war die nächste Frage, auf die ich erwiderte: „Nein, Grandeln haben sie auch nicht."

Ungläubiges Staunen meines Gegenübers, und dann ungläubiges Staunen meinerseits nach der nächsten Frage des Gastes: „Aber warum schießt man die denn überhaupt?"

Der Mann kaufte am Ende der Jagd ein etwas verwittertes Elchgeweih, das bereits einige Jahre über der Tür der Jagdhütte gehangen hatte und nahm es stolz mit nach Hause.

Wer weiß, wofür's gut ist

Einer meiner Neffen entdeckte in fortgeschrittenem Alter seine Jagdpassion und meldete sich zu einem Kursus an, um die Jägerprüfung abzulegen. Mit dem Lernen tat er sich aber ungemein schwer, zumal er einen anstrengenden Beruf als Unternehmensberater hat, und so fiel er dann auch bei der ersten Prüfung mit Pauken und Trompeten durch das „Grüne Abitur", als er der Prüfungskommission das Entstechen eines Drillings demonstrieren sollte.

Als unser Kreisjägermeister den verzweifelten Gesichtsausdruck meines Neffen bemerkte, munterte er den Unglücklichen auf: „Nehmen Sie es nicht als Fehlschlag, sondern als Lebensverlängerungschance."

Stadtluft macht nicht frei

Mein Bruder, passionierter Jäger und Landmensch durch und durch, hasst Städte. Daher verlässt er sein Gut nur ungern. Hier kann er jagen, fast, „so weit die braune Heide reicht", und weite Spaziergänge machen, ohne eigenen Grund und Boden zu verlassen.

Kürzlich besuchte er mich für ein paar Tage. Auf die Frage eines Jagdfreundes, wie ihm das Stadtleben gefalle, meinte er: „Ganz gut, nur mich stört, dass man immer, wenn man aus der Tür geht, gleich von zu Hause fort ist."

Als er vor einigen Jahren nicht umhin kam, seinen Sohn und dessen Familie in deren Stadtwohnung zu besuchen, fand er sich zwar nach außen hin ganz gut mit den vielen Leuten, der Unruhe, dem

Straßenlärm und der Enge der Etagenwohnung ab. Wie ihm jedoch wirklich ums Herz war, verriet er am zweiten Morgen, als er „mal kurz rausging", mit der Feststellung: „Ich bin eben unten auf der Straße gewesen, um ein bisschen frische Luft zu schnappen, aber mir war leider schon jemand zuvorgekommen."

Kein Sterbenswort

Zwei Revierinhaber in unserem Hegering hatten Grenzstreitigkeiten wegen der Rehböcke. Sie schimpften laut in der Öffentlichkeit übereinander, beschuldigten sich sogar gegenseitig der Wilderei und hatten seitdem viele Jahre kein Wort mehr miteinander gewechselt. Doch als der eine von ihnen in die ewigen Jagdgründe hinüberwechselte, war der andere einer der Ersten, der zur Beerdigung kam.

Später wurde er dann auch von einem anderen Jäger gefragt: „Warum bist du eigentlich zur Trauerfeier von Karl gekommen, wo du doch seit zehn Jahren nicht mit ihm geredet hast?"

„Ich hab ja auch heute nicht mit ihm geredet", kam die prompte Antwort.

Vom Auto, das aufs Wort gehorcht

In der Einladung zur Drückjagd im Hessischen Forstamt Melsungen hieß es ausdrücklich: „Hunde und Waffen bitte während der Begrüßung im Auto lassen." Ich parkte daher meinen Wagen an der Böschung eines Weges, der steil bergauf zum Treffpunkt führte, und ließ Büchse und Vierläuferin im Fahrzeug zurück.

Beim Aussteigen gab ich meiner Hündin, die im Fußraum vor dem Beifahrersitz lag und deshalb von den umstehenden Jägern nicht gesehen werden konnte, den üblichen Befehl: „Bleib schön hier", und wiederholte noch einmal, dabei meinen rechten Arm in die Höhe streckend, etwas lauter: „Bleib!" Anschließend schloss ich die Autotür.

Ein älterer Treiber, der mich beobachtet hatte, schüttelte den Kopf und rief mir dann zu: „Versuchen Sie es lieber mit der Handbremse."

Vom Jäger, der nicht gönnen kann

Meine Cousine jammerte oft, dass sie ihren Mann, einen passionierter Jäger, während der Jagdzeit kaum zu Gesicht bekam.

„Du solltest ebenfalls die Jägerprüfung machen, dann könntet ihr doch zusammen rausgehen", riet eine Freundin.

Gesagt, getan, meine Cousine bestand das grüne Examen auf Anhieb, ist seitdem eine begeisterte Jägerin und geht mit ihrem Mann gemeinsam zur Jagd.

Kürzlich wurde sie von einer Freundin gefragt: „Hallo, wie geht es?"

„Na ja", antwortete die junge Jägerin, „ich war gerade wieder mit meinem Mann zusammen auf der Jagd. Er ist sauer, dass ich wieder alles verkehrt gemacht habe: Ich war zu laut, hab' mich zu hastig bewegt, trug nicht die richtigen Klamotten, hatte die falschen Patronen und habe dann auch noch zwei Fasanen und einen Hasen mehr erlegt als er."

Vom Auto, das aufs Wort gehorcht

Fangfrage

Fangfrage

Beim Schüsseltreiben erzählte mir ein Mitjäger folgende Geschichte: „Petrus zitierte vor ein paar Jahren einen Engel zu sich in seine Himmelspförtnerloge und sagte ihm, er hätte einen Spezialauftrag für ihn: Der Engel müsste zur Erde hinabfliegen und eine Liste mit den Namen aller unehrlichen Jäger zusammenstellen.

Zwei Monate vergingen. Eines Nachmittags kam der Engel sichtlich erschöpft angeflattert und ließ sich vor Petrus auf einen goldenen Stuhl fallen. ‚Heiliger Petrus‘, japste er, ‚du weißt ja nicht, was für Riesenarbeit das ist. Ich glaube, ich brauche Hilfe.‘

‚Unmöglich‘, erwiderte Petrus knapp, ‚gerade jetzt können wir hier oben niemanden entbehren, du musst es unbedingt allein schaffen.‘

Der Engel begab sich zur Tür. Plötzlich hatte er eine Idee: ‚Heiliger Petrus, sollte ich nicht besser eine Liste mit den Namen all der Jäger aufstellen, die ehrlich sind? Sie wäre viel kürzer, und ich bräuchte höchstens eine Woche dazu.‘

‚Guter Gedanke, tu das,‘ sagte Petrus.

Tatsächlich, schon nach einer Woche war der Engel wieder da – mit der Liste. Petrus studierte sie und schickte sie zum Chef hinauf. Wenig später erhielt er den Auftrag, jedem der Genannten einen Anerkennungsbrief für waidmännisches Verhalten zu schreiben."

Hier blickte mich der Erzähler an und fragte mich: „Wissen Sie, was sonst noch in dem Brief stand?"

„Nein, was denn?", fragte ich neugierig.

„Aha, Sie haben also auch keinen bekommen."

Liebe ist stärker als Appetit

Ich war mit meinen Kindern im Zoo, und wir freuten uns schon besonders auf die Affen. Als wir aber zu dem Käfig kamen, war kein Affe weit und breit zu sehen.

Enttäuscht fragte ich den Wärter nach der Ursache.

Es sei Paarungszeit, und die Tiere hätten sich ins Innere verzogen, um ungestört zu sein.

„Werden sie herauskommen, wenn wir ihnen Erdnüsse bringen?", forschte ich.

„Würden Sie?", entgegnete der Wärter.

Darf's etwas mehr sein?

Mein Freund Gernot hatte seinem jagdpassionierten Sohn Claudius versprochen, ihn mit auf den Hochsitz zu nehmen, musste dann aber zu einer dringenden Sitzung. Daher bot sich Tante F., eine alte Jugendfreundin, die gerade zu Besuch war, um ebenfalls die Hirschbrunft mitzuerleben, an, mit dem kleinen Mann loszugehen.

Als ein Hirsch mit einem Rudel Kahlwild auf der Wildwiese erschien, fragte der kleine Claudius, aufgeregt auf den Hirsch zeigend:

„Tante F., was ist das dort?"

„Du meinst das Geweih?", kam flüsternd die Gegenfrage.

„Nein dort ..."

„Die Brunftmähne!", erwiderte die Tante.

„Nein, zwischen den Beinen!"

„Ahhh ... ehhh, das ist ... nichts"

Am nächsten Abend ging der Vater nach Drängen seines Sohnes mit ihm auf denselben Sitz, und wieder trat der Hirsch mit dem Rudel aus.

„Du, Papi, was ist das dort?"

„Du meinst das Geweih?"

„Nein dort …"
„Die Brunftmähne!"
„Nein, zwischen den Beinen!"
„Das ist das Geschlechtsteil vom Hirsch."
„Aber die Tante hat gestern gesagt, das wäre nichts!"
Da lächelte der Papi selbstgefällig und meinte: „Na ja, Tante F. ist eben verwöhnt."

Ehrliche Lügner

In den Sommerferien machten wir mit unseren Kindern und einigen Neffen Urlaub an einem idyllischen See in Finnland und angelten. Irgendwann kam mein Sohn auf die Idee, Regenwürmer zu sammeln und an andere Angler, die dort ebenfalls ihre Ferien verbrachten, zu verkaufen.

Sie taten die Würmer in kleine Joghurtbecher und stellten diese auf den Vorbau unseres Blockhauses. Daneben platzierten sie ein Schild mit der Aufschrift: „Selbstbedienung – Geld bitte in die Schachtel legen".

Die Kunden kamen und gingen und zu unserer Überraschung zahlten alle.

Einmal hielt ein Mann mit seinen beiden Jungen vor dem Haus. Die Kinder liefen zur Terrasse, nahmen sich zwei Joghurtbecher mit Würmern und legten das Geld in die Schachtel. Ich ging auf den Mann zu und meinte, es sei doch schön, dass es noch so viele ehrliche Menschen auf der Welt gäbe.

„Guter Mann", erwiderte der Angesprochene, „Angler sind keine Diebe, nur Lügner!"

Mit Blindheit geschlagen

Ein wunderschöner Spätsommermorgen. Im Wald auf einer kleinen Lichtung durchdrang die noch tiefstehende Sonne den aufsteigenden Nebel. Die Luft war klar, Vögel zwitscherten und die Natur begann zu erwachen.

Ein Hirsch zog aus dem Dickicht und röhrte. Da kam ein Wanderer des Weges und sagte: „So ein Kitsch!"

Mathe 5 – Ausrede 1

Als mein Sohn die erste oder zweite Klasse der Volksschule besuchte, bat mich meine Frau eines Nachmittags, mit ihm gemeinsam das Rechnen zu üben.

„Wenn Onkel Hans zwei Hasen schießt und ich auch, wie viele Hasen haben wir dann zusammen geschossen?", fragte ich meinen Sprössling. Stolz, eine unserem Metier entsprechende Aufgabe gefunden zu haben, fühlte ich mich als trefflicher Lehrmeister, denn diese Aufgabenstellung schien auch meinen Sohn zu interessieren.

Der grübelte und grübelte. Endlich antwortete er ganz befreit: „Papi, Jagd haben wir noch nicht in der Schule."

Dackel-Logik

Der Sohn eines Jagdfreundes hatte als Belohnung für seine bestandene Jägerprüfung einen Dackel bekommen, den er jagdlich abrichten sollte. Zum Entsetzen des Vaters verursachte der Welpe ein Chaos in der Wohnung, kratzte ständig auf den Sauschwarten und Teppichen in der Wohnung herum. Die Hausfrau drängte, etwas dagegen zu unternehmen.

„Reg dich nicht auf, das hab ich ihm im Handumdrehen abgewöhnt", beruhigte sie das Familienoberhaupt. Dann beobachtete die Frau, wie ihr Mann den neuen vierläufigen Hausgenossen jedes Mal, wenn der die Bodenbeläge durcheinanderbrachte und zerkratzte, in den Garten beförderte, um ihm eine Lektion zu erteilen.

Der junge Hund lernte schnell. Immer wenn er in den folgenden zwölf Jahren hinaus wollte, kratzte er auf der Sauschwarte.

Gibt es „Glück"?

Mein Jagdkamerad Harald ist immer sehr bemüht, mit anderen Jägern „Schritt zu halten". Als viel beschäftigtes Vorstandsmitglied eines internationalen Konzerns hat er allerdings kaum Zeit, um seiner Jagdleidenschaft zu frönen. So bleibt es leider auch nicht aus, dass er als Pächter eines ansehnlichen Hochwildreviers nur selten die Früchte der teuren Jagd genießen kann.

„Glauben Sie an so etwas wie das Glück?", wurde der erfolgreiche Geschäftsmann einmal gefragt.

„Unbedingt!", antwortete Harald augenzwinkernd. „Wie sollte man sonst den Erfolg meines hochnäsigen und dilettantischen Reviernachbarn M. erklären. Er hat in den letzten beiden Jahren zwei I-A-Hirsche geschossen, ich nur einen kümmerlichen Achter."

Wer ist hier der Dumme?

Uwe hatte einen Welpen bekommen, eine liebenswerte, quirlige Kleine-Münsterländer-Hündin, die, wie es junge Hunde nun einmal tun, allerlei Unarten auslebte. Über Letztere ärgerte sich die Hausfrau.

Nach der Jagd saßen wir noch beim Bier in der Hütte zusammen, und Uwes Frau Jutta erklärte, sie besäßen den dümmsten Hund, den man sich vorstellen kann.

„Wieso das?", fragte Klaus erstaunt.

Darauf erklärte sie es uns: „Ein Hund, der zehn Mal ein und denselben Rosenbusch ausgräbt, muss schon saudumm sein."

Nach längerem bedrückten Schweigen in der Runde bekam Uwe Schützenhilfe von Jagdfreund Klaus: „Über den Hund wundere ich mich weniger. Was soll man aber zu einem Menschen sagen, der einen Rosenbusch so oft wieder einpflanzt?"

Wohl überlegt

Wir hatten recht erfolgreich in den Highlands gejagt, und einer meiner Freunde war total begeistert von der sauberen Arbeit eines Labrador-Rüden, der einem der schottischen Jagdführer gehörte. Als ihm einer der Jagdhelfer augenzwinkernd erzählte, der Rüde solle verkauft werden, bot er dem Besitzer noch während der Jagd einen beträchtlichen Geldbetrag an.

Am letzten Tag waren wir alle überrascht, dass der Hundeführer das Tier für weitaus weniger Geld an einen Engländer verkauft hatte. Als der Käufer abgereist war, fragte mein Freund den Schotten, was er sich bei dem Verkauf gedacht hätte – schließlich hätte er doch eine weitaus höhere Summe geboten.

„Der Hund findet von überall her nach Haus zurück", erwiderte der Schotte, „ob er aber die Nordsee durchschwimmen kann, möchte ich bezweifeln."

Weil nicht sein kann, was nicht sein darf

Ein wohlhabender Jagdfreund, der in Schottland jagte, erzählte Folgendes:

Mit seinem neuen Rolls Royce war er in die Highlands gefahren, und als er ins Revier kam, blieb der Wagen stehen: Er war den schlechten Wegen nicht gewachsen, die Ölwanne wurde beschädigt, die Stoßdämpfer hatten ihren Dienst versagt oder weiß der Himmel, was alles sonst noch so einem Wagen in unwegsamem Gelände zustoßen kann. Jedenfalls wurde die Panne per Telefon nach London gemeldet.

Vier Stunden später flog ein Hubschrauber ein, um dem bis dahin noch stolzen Autobesitzer aus der Klemme zu helfen. Mit Erfolg! Bald war der Wagen wieder fahrbereit.

Als der Freund nach zwei Monaten noch keine Rechnung für den prompten und exzellenten Service von der Autofirma bekommen hatte, rief seine Sekretärin in der Zentrale an. Man sagte ihr: „Dass ein Auto unserer Marke nicht perfekt läuft, ist kaum vorstellbar, deshalb werden wir auch keine Rechnung schicken."

Mein allerliebster Schwiegersohn

Als mein Schwiegersohn mit seiner Frau und unserem zwei Monate alten Schweißhundwelpen spazieren ging – kein BGS, sondern ein PGS, ich hatte ihn von einem Jagdförster in Masuren geschenkt bekommen –, begegneten die drei einer alten Dame, die erfreut ausrief: „Ist er nicht allerliebst? Wie alt ist er denn?"

Bevor meine Tochter noch antworten konnte, tat es mein Schwiegersohn: „Ich werde übernächste Woche 34!"

Wer viel wagt, der nicht gewinnt, oder: Vielleicht klappt's ja im nächsten Jahr

Zwei Jäger charterten ein Flugzeug und ließen sich in die kanadischen Wälder bringen. Als der Pilot nach zwei Wochen wiederkam, um sie aus der Wildnis nach Hause zu fliegen, und die beiden kapitalen Elche sah, die die beiden Jäger erlegt hatten, meinte er: „Ich habe Ihnen doch gesagt, dass ich wegen des Gewichtes nur Sie beide und höchstens einen Elch herausfliegen kann, den anderen werden sie hierlassen müssen."

„Aber im vorigen Jahr hatten wir eine Maschine, die auch nicht größer war", protestierte einer der Jäger, „dieser Buschpilot war ein sehr erfahrener Mann und hat uns auch zwei Elche mitnehmen lassen."

Der Flugzeugführer fühlte sich in seiner Berufsehre gekränkt und meinte: „OK, wenn es im letzten Jahr auch geklappt hat, können wir es wohl riskieren."

Nach dem Start gewann die Maschine nur schwer an Höhe und blieb an einem Berg hängen. Nach dem Absturz kletterten die Männer hinaus und sahen sich um.

„Wo sind wir nun eigentlich?", fragte der eine Jäger den anderen.

Der blickte sich prüfend um und erwiderte: „Ich glaube, wir sind etwa einen Kilometer weiter gekommen als im letzten Jahr."

Ein wahres Wort, gelassen ausgesprochen

Kürzlich beklagte sich im Gespräch mit meinem Bruder ein Freund, dass sich die Jäger immer weniger voneinander unterschieden. Fast jeder könne sich heute, wenn er es nur ernsthaft wolle, einen fertig abgerichteten Hund, eine wertvolle Doppelbüchse, elegante Jagdkleidung, eine Großwild-Safari oder einen teuren Geländewagen zulegen. „Womit", fragte der Mann, „kann sich ein Jäger heute noch aus der Masse herausheben?"

„Mit Manieren", erwiderte mein Bruder. „Einfach mit guten Manieren."

Zum Weiterlesen

Bildbände für den Jäger

Burkhard Winsmann-Steins
Kapitale Böcke in Traumrevieren
Seine bestechenden Wildtier- und Naturfotografien haben Burkhard Winsmann-Steins zu Lebzeiten fast schon zur Legende werden lassen. Vor allem seine Rehbock-Aufnahmen lösen immer wieder ungläubiges Erstaunen aus. In diesem Bildband, den er selbst sein Lebenswerk nennt, präsentiert der international renommierte Fotograf nun seine herrlichsten Fotografien von einzigartigen Rehböcken in überwältigenden Landschaften.
208 S., 230 Farbfotos, Schutzumschlag, ISBN 978-3-440-10684-6

Karl-Heinz Volkmar
Mit Waidmanns Herzen
„Jagd ist Schauen, Jagd ist Sinnen, Jagd ist Ausruhen ..." Diese berühmten Worte des großen Jagdschriftstellers Friedrich Freiherr von Gagern scheinen das Drehbuch für diesen Bildband geliefert zu haben: Ob urige Rothirsche, ob heimliche Böcke oder aber Szenen von der Jagd auf Sau und Fuchs das Herz des Lesers höher schlagen lassen. Mit den begleitenden Erzählungen von Rolf Kröger wird „Mit Waidmanns Herzen" mühelos an die Erfolge früherer Kosmos Jagdbildbände anknüpfen.
160 S., 143 Farbfotos, Schutzumschlag, ISBN 978-3-440-10251-0

Burkhard Stöcker
Der König der Wälder
Das Rotwild zählt zweifelsohne zu den beeindruckendsten Bewohnern unserer Wildbahn – Bezeichnungen wie „Edelhirsch" und „König der Wälder" bezeugen den Respekt und die Ehrfurcht, mit denen Jäger und andere Naturfreunde dem Rothirsch seit jeher begegnen. Burkhard Stöcker beschäftigt sich seit Langem mit der

größten unserer frei lebenden Wildarten. In atemberaubenden Bildern und unterhaltsamen Texten bietet er faszinierende Einblicke in das Leben eines wahrhaft majestätischen Wildtieres.
160 S., 167 Farbfotos, Schutzumschlag, ISBN 978-3-440-10854-3

Rien Poortvliet
Wildtiere in Feld und Flur
Endlich – ein neues Buch des herausragenden Tier-, Natur- und Jagdmalers Rien Poortvliet liegt vor. In einer liebevollen Zusammenstellung seiner ausdrucksstärksten Werke entführt der unvergessene Niederländer den Betrachter in die faszinierende Welt der Tiere und beeindruckender Malkunst. Ein wunderschönes Buch für alle Natur- und Kunstliebhaber!
96 S., durchgängig farbig illustriert, ISBN 978-3-440-11213-7

Geschenkbücher

Walter Frevert
Mein Jägerleben
Konkurrenzlos preisgünstig – Walter Freverts gesammelte Jagderinnerungen! Bis heute zählt Oberforstmeister Walter Frevert zu den bemerkenswertesten Persönlichkeiten des deutschen Waidwerks, bis heute steht sein Name für jagdlichen Sachverstand und faszinierendes Waidwerk in den Rotwildgebieten Romintens und anderen Traumrevieren. Die Trilogie seiner Jagderinnerungen liegt hier nun als attraktive Sammelausgabe vor!
632 S., 75 historische Fotos, Halbleinen, ISBN 978-3-440-11276-2

Heribert Kalchreuter
Zwischen Wildnis und Zivilisation
Heribert Kalchreuter genießt nicht nur als Jagdwissenschaftler einen ausgezeichneten Ruf, sondern war immer auch als leidenschaftlicher Jäger durch und durch bekannt. Er hat in den abgelegensten Winkeln der Erde das Waidwerk auf faszinierendes Wild

erlebt. An sein erfolgreiches Buch „Zurück in die Wildnis" anschließend, erzählt er nun im Dialog mit Susanne Koeneke, seiner
Assistentin und Begleiterin auf vielen internationalen Kongressen,
von über zwei Jahrzehnten Jagd, wie sie wohl kein Zweiter erlebt.
328 S., 142 Farbfotos, ISBN 978-3-440-11199-4

Rolf D. Baldus
Auf den Fährten der Big Five
Geheimnisvolles Afrika – zahllose Jäger träumen davon, in der Wie-
ge der Menschheit den „Big Five" nachzustellen, immer wieder zieht
es Waidmänner aus aller Welt zum Jagdurlaub dorthin. Rolf D. Baldus hat die Afrikajagd nicht im Kurzurlaub erlebt, sondern über ein
Jahrzehnt in Tansania im Bereich des Wildtiermanagements gearbeitet – und auf faszinierendes afrikanisches Wild gejagt. In brillant
bebilderten Erzählungen schildert er atemberaubendes Waidwerk,
wie es nur ein „Insider" erleben kann.
272 S., 107 Farbfotos, ISBN 978-3-440-11105-5

Ulrich Herbst
Abnorme Böcke
Jedes Rehbockgeweih ist in seiner Form, der Rosenausbildung und
Perlung ein einzigartiges Werk der Natur. Besonderen Reiz haben
für den Jäger seit jeher von der Norm abweichende Gehörne wie
Dreistangen-, Pendel- oder Perückengehörne. – Einen „Abnormen"
zu erlegen, zählt zu den Sternstunden des Jägerlebens.
In diesem Buch präsentiert ein Rehwildkenner ungewöhnliche Reh-
bocktrophäen in einzigartigen Bildern und liefert interessante In-
formationen zur Gehörnbildung und Entstehung der verschiedenen
Gehörnabnormitäten.
164 S., durchgängig farbige Abbildungen, ISBN 978-3-440-10681-5

Bildnachweis
Mit 26 Illustrationen von Wilfried Sloman

Impressum
Umschlaggestaltung von eStudio Calamar unter Verwendung einer Illustration von
Wilfried Sloman

Mit 16 Farb- und 10 wiederkehrenden Schwarzweiß-Zeichnungen

Unser gesamtes lieferbares Programm und viele weitere Informationen zu
unseren Büchern, Spielen, Experimentierkästen, DVDs, Autoren und Aktivitäten
finden Sie unter **www.kosmos.de**

Gedruckt auf chlorfrei gebleichtem Papier

© 2009 Franckh-Kosmos Verlags-GmbH & Co. KG, Stuttgart.
Alle Rechte vorbehalten
ISBN 978-3-440-11722-4
Redaktion: Ekkehard Ophoven
Produktion: Die Herstellung
Printed in The Czech Republic / Imprimé en République Tchèque

Vom Meister der Wildtierfotografie

Burkhard Winsmann-Steins
Mit den Augen des Jägers
160 Seiten, 140 Farbfotos
€/D 14,95; €/A 15,40; sFr 27,90
Preisänderung vorbehalten
ISBN 978-3-440-11858-0

- Überwältigende Natur- und Wildtier-
  fotografien und ausgewählte klassische
  Jagderzählungen

- Ein Buch zum Träumen und Genießen!

www.kosmos.de/jagd

Bewährtes für das Waidwerk

Rüdiger Martin
Mein Jagdbrevier
144 Seiten, 50 Abbildungen
€/D 14,95; €/A 15,40; sFr 27,90
Preisänderung vorbehalten
ISBN 978-3-440-11074-4

- Rund um das Jägerhandwerk bietet dieses Buch viele nützliche Informationen aus alter und heutiger Zeit.

- Sprachgewandtheit, Humor und anschauliche Illustrationen sind weitere Garanten für echten Lesegenuss!

KOSMOS

www.kosmos.de/jagd